烘焙是个
甜蜜的坑

月满西楼 著

河南科学技术出版社
· 郑州 ·

作者简介

打开本书或者百度"月满西楼·新浪博客"，你就会结识一位热爱生活、热爱烘焙、热爱美食的美丽超级妈妈"月满西楼"。说她超级，因她是一对双胞胎的妈妈，在繁忙的上班、家务、带孩子之余，竟能挤出时间自学烘焙，自拍美食美图。

点开她的新浪博客你就会发现，她以每三天出一精品的速度更新着她的博客，更新着她的生活。

精湛的技艺和独特的艺术表现，使她的作品常出现在《贝太厨房》《天下美食》《母婴世界》等杂志上，就连新浪博客、POCO网站的首页上也常常看到她的美食。现在，她用半年时间将三年多来的烘焙心得整理成册，毫无保留地奉献给各位读者。

月满西楼认为，最开心的莫过于自己的作品得到认可，最幸福的莫过于跟家人、朋友一起，晒着太阳，喝着茶，品着自制的既健康又美妙的甜点。

月满西楼新浪博客：http://blog.sina.com.cn/lsqlsy
月满西楼新浪微博：@月满西楼528 http://weibo.com/lsqlsy
月满西楼手工蛋糕坊：http://lsqlsy.taobao.com

自序

从2009年2月13日把烤箱和打蛋器搬回家已经过了三年多了。

这三年多我很快乐，很充实！就因烘焙，就为烘焙。

有网友笑问："原来你的梦想就是——做一厨子？"我笑答："做一快乐的厨子又何尝不可？"

除了对烘焙的热爱，在家烘焙还有一个最主要的原因，就是远离三聚氰胺、防腐剂、代可可脂、人造奶油……让自己的家人吃得健康，让自己的朋友吃得放心！

于是，我们乐此不疲地开始用心挑选材料，认真DIY（自己动手做），直至满屋飘香……

在这个过程中，你会发现，一块小小的饼干，一个可爱的蛋糕，一瓶美味的果酱带给我们的不只是独特的口感，还有那种充满了家庭温情的浓浓爱意……

你会发现，你的视野更开阔，你认识了天南海北的朋友，你们一起畅谈，一起研究配方，一起购物……

所有喜欢烘焙的朋友都有一个感觉，用整个身心去热爱烘焙！而我们抱有的唯一目的就是，用一颗热诚的心和我们灵巧的双手，为我爱的人和爱我的人做最美、最健康的美食！

最近好多朋友通过电话、QQ、邮箱问我：如果我要烘焙，我应该买什么？应该先做什么？

我不是专家，我只是一名普通的家庭烘焙爱好者，这本书里全都是我烘焙实践过程中总结的经验、摸索的方法。感谢大家的厚爱，谈不上指导，我们一起交流！

烘焙是个甜蜜的坑，一旦入坑其乐无穷！欢迎大家入坑！

李昊（月满西楼）

目录
Contents

Part 1
写在开始之前 ………………… 9

Part 2
基础工具 ………………… 13

Part 3
烘焙常用材料 ………………… 19

Part 4
初学者的问题 ………………… 23

Part 6
新手渐进十堂课 ⋯⋯⋯⋯⋯ 35

Lesson 1 甜品原料自己做 ⋯⋯⋯ 36

香草精 ⋯⋯⋯⋯⋯⋯⋯⋯⋯⋯ 37

马斯卡彭奶酪 ⋯⋯⋯⋯⋯⋯⋯ 38

果酱和抹酱 ⋯⋯⋯⋯⋯⋯⋯⋯ 40

自制草莓果酱40/自制大樱桃果酱41/自
制杏子果酱42/自制花生酱43

酸奶（市售酸奶做菌种） ⋯⋯⋯⋯ 44

酸奶（益生菌做菌种） ⋯⋯⋯⋯⋯ 46

蜜豆 ⋯⋯⋯⋯⋯⋯⋯⋯⋯⋯⋯ 47

卡仕达酱 ⋯⋯⋯⋯⋯⋯⋯⋯⋯ 48

红豆沙 ⋯⋯⋯⋯⋯⋯⋯⋯⋯⋯ 50

焦糖 ⋯⋯⋯⋯⋯⋯⋯⋯⋯⋯⋯ 52

Lesson 2 无门槛果冻、布丁 ⋯⋯⋯ 54

意式奶冻 ⋯⋯⋯⋯⋯⋯⋯⋯⋯ 55

西瓜果冻（两种造型） ⋯⋯⋯⋯ 56

芒果布丁 ⋯⋯⋯⋯⋯⋯⋯⋯⋯ 58

蛋奶布丁&焦糖布丁 ⋯⋯⋯⋯⋯ 60

Lesson 3 超简单小饼干 ⋯⋯⋯⋯ 62

手指饼干 ⋯⋯⋯⋯⋯⋯⋯⋯⋯ 63

安扎克饼干 ⋯⋯⋯⋯⋯⋯⋯⋯ 64

牛奶曲奇&可可曲奇 ⋯⋯⋯⋯⋯ 66

趣多多 ⋯⋯⋯⋯⋯⋯⋯⋯⋯⋯ 68

Lesson 4 零失败马芬 ⋯⋯⋯⋯⋯ 70

玉米马芬 ⋯⋯⋯⋯⋯⋯⋯⋯⋯ 71

柠檬马芬 ⋯⋯⋯⋯⋯⋯⋯⋯⋯ 72

巧克力马芬 ⋯⋯⋯⋯⋯⋯⋯⋯ 74

Part 5
基本技巧 ⋯⋯⋯⋯⋯⋯⋯⋯ 27

分蛋的方法 ⋯⋯⋯⋯⋯⋯⋯⋯ 28

蛋白的打发 ⋯⋯⋯⋯⋯⋯⋯⋯ 29

动物淡奶油的打发 ⋯⋯⋯⋯⋯⋯ 30

吉利丁片的泡发 ⋯⋯⋯⋯⋯⋯⋯ 31

黄油的软化 ⋯⋯⋯⋯⋯⋯⋯⋯ 31

如何垫烤纸 ⋯⋯⋯⋯⋯⋯⋯⋯ 32

巧克力屑的刮法 ⋯⋯⋯⋯⋯⋯⋯ 32

慕斯脱模方法（活底模） ⋯⋯⋯⋯ 33

切慕斯的要领 ⋯⋯⋯⋯⋯⋯⋯ 33

Lesson 5 炫丽可口冰品 ········· 76

草莓冰淇淋 ············· 77

酸奶冰淇淋 ············· 78

百利甜水果沙冰 ········· 80

香草冰淇淋 ············· 82

芒果冰淇淋 ············· 84

暴风雪 ················· 85

卡萨塔冰淇淋 ··········· 86

Lesson 6 剩下蛋白好去处 ······ 88

榛子碎薄脆片 ··········· 89

棉花糖 ················· 90

蛋白饼 ················· 92

Lesson 7 柔软香甜的小蛋糕 ··· 94

戚风蛋糕用量表95/基础戚风蛋糕
制作过程96

肉松蛋糕 ··············· 98

香橙果酱卷 ············· 100

红曲戚风卷 ············· 102

抹茶蜜豆奶油蛋糕 ······· 104

手指饼草莓奶油卷 ······· 106

Lesson 8 用煎锅做的甜品 ······ 108

煎蛋糕 ················· 109

铜锣烧 ················· 110

可丽饼 ················· 112

班戟 ··················· 114

Lesson 9 入门级面包 ·········· 116

常用材料117/制作要点117

奶油卷 ················· 118

奶油卷三明治 ··········· 120

红薯面包 ··············· 122

酸奶吐司 ··············· 124

黄金乳酪小吐司 ········· 126

大理石迷你吐司 ········· 128

迷你汉堡 ··············· 130

Lesson 10 裱花蛋糕 ··········· 132

蛋糕装饰常用工具133/蛋糕装饰常用材料
135/裱花基础知识136

经典黑森林 ············· 140

浪漫季节（白森林） ····· 142

Part 7
生活中那些甜蜜的味道 …… 145

给孩子的礼物 …… 146
绵羊面包 …… 147
万圣节杯子蛋糕 …… 148
毛毛虫面包 …… 150
迷你火腿串面包 …… 152
棒棒糖多拿滋 …… 154
你好，企鹅先生！ …… 156

给老人的礼物 …… 158
花环面包 …… 159
苹果卡仕达卷 …… 160
热狗 …… 162
豆浆提拉米苏 …… 164
辣松 …… 166
花语裱花蛋糕 …… 167

给爱人的礼物 …… 170
花式面包圈 …… 171
椰香慕斯 …… 172
巧克力斑纹慕斯 …… 174
费列罗 …… 176
熊猫裱花蛋糕 …… 178
草莓小雪人 …… 180

给朋友的礼物 …… 182
韩式辣酱火腿包 …… 183
熊猫小餐包 …… 184
草莓慕斯 …… 186
金玉满堂之果仁重乳酪 …… 188
抹茶提拉米苏 …… 190
哆啦A梦裱花蛋糕 …… 192

给自己的礼物 …… 194
圣诞曲奇 …… 195
椰香轻乳酪 …… 196
南瓜芝心贝果 …… 198
草莓奶油蛋糕 …… 200
传统提拉米苏 …… 202
欧培拉——歌剧院蛋糕 …… 204

附录 1　购物指南 …… 208
附录 2　美食摄影心得 …… 212

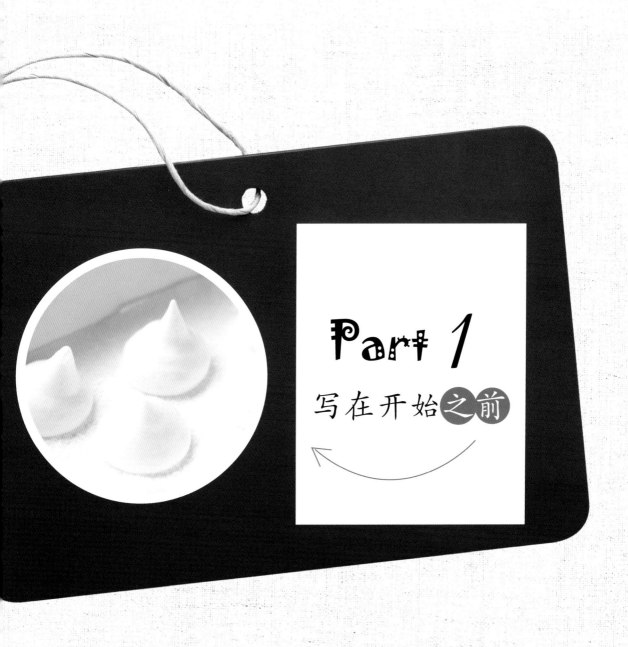

Part 1
写在开始之前

1.切勿擅自改动配方

初学者对于配方中材料的比例没有一定的概念，因此随意改动有可能导致不能制作出完美的甜点。

建议大家在多次制作都能成功，并且成品满意时，才可根据配方进行小的改动，做出更适合自己的甜品。

2.耐心等待

有些甜点的制作过程比较繁琐，需要大家付出极大的耐心，因此请耐心地按照程序制作，你一定会品尝到自己亲手制作出的美味。

3.预热烤箱

烘焙甜点都需要先将烤箱预热到指定的温度，才能做出成功的甜点。因此，一定要提前5~10分钟预热烤箱，炉温达到了制作的要求再将甜点送进烤箱。

4.养成记录的习惯

准备一个笔记本，用于抄食谱、计算用量或者记录你的心得体会。在制作的过程中，既可以做参考，也可以作为下次制作的依据，避免同样的错误发生。

5.勤学好问

烘焙是一门艺术，我们虽然是家庭烘焙，也要有一定的品质。遇到无法解决的问题可以咨询周围也在玩烘焙的朋友，也可以去一些烘焙博客学习，虚心请教博主。还可以加入烘焙聊天群，与其他烘焙爱好者交流。

6.多动手

"学而时习之"，做甜品必须动手才能有进步，纸上谈兵不可取，多动手、多思考是非常必要的。

7.树立信心

烘焙没有百分之百的成功，但是不能因为一次小小的失败就放弃。建议初学者从简单的甜点开始练习，比如饼干、马芬类，循序渐进，你一定能做出自己满意、家人喜欢、朋友赞赏的美味甜点。

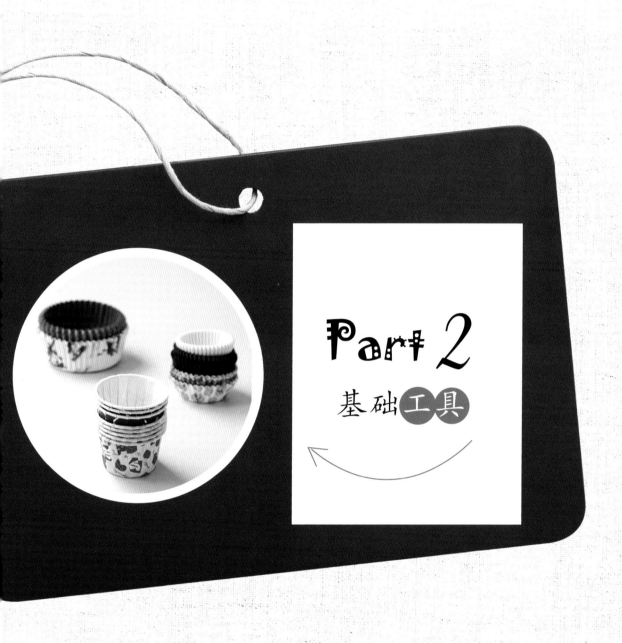

Part 2

基础工具

烤箱

家庭用应挑选不小于25升，内部空间设计合理的，满足烘烤直径8英寸*（约20厘米）蛋糕的需要。

面包机

做面包时揉面团用。经济条件较好的，可以考虑家用厨师机。

电动打蛋器

打发蛋白、奶油或者黄油时的必备工具，简单省事。

电子秤、量勺

常用的计量工具，电子秤要求精确到克。

打蛋盆、手动打蛋器

打蛋盆最好挑选不锈钢材质并且底部呈圆弧形的，方便刮面糊，盆壁要高，以避免打发时溅出奶油、蛋液；手动打蛋器除了用于搅打蛋黄、蛋白、动物淡奶油之外，还可以用来搅拌蛋糕面糊，更容易把蛋糕面糊中的面粉粒搅散，使面糊更柔滑。

* 英寸为非法定计量单位，考虑到约定俗成的习惯，本书保留。1英寸=2.54厘米。

不粘平底锅、奶锅

不粘平底锅用于煎制糕点，奶锅用于熬煮材料。

粉筛

大网筛一般用于过滤液体；杯状粉筛用于过筛面粉；小号粉筛用于慕斯类糕点的表面筛粉装饰。

烤纸、耐高温烤布、锡箔纸

烤纸是一次性用品，用于烤蛋糕，防粘，方便脱模；耐高温烤布价格稍高，但可反复使用，防粘效果好；锡箔纸一般在面包烤制过程中防止上色过深时用。

烤箱温度计（耐高温）、针式温度计

烤箱温度计用于测量烤箱温度，针式温度计用于测量食材温度。

晾架

烤好的甜品散热时使用，一般烤箱都有配备，不需要另外购买。

刮刀

软质的用于搅拌面糊，硬质的用于搅拌面团。

刷子

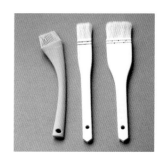

面团上涂抹蛋液、水或者油时使用。

擀面杖、排气面杖、刮板

面包整形必备。

抹刀、锯齿刀

抹刀是涂抹奶油馅必备的工具，锯齿刀适合切割蛋糕、面包。

基础蛋糕模具

最常用的就是圆形、方形和戚风模（烟囱式样的），最好都选择活底的，方便脱模。

马芬模（小蛋糕模）

烤制小蛋糕、马芬时使用。

吐司模

制作吐司必备。

一次性烘焙模具

纸杯、油纸托、卷边淋膜杯、淋膜纸托、马芬模等。一次性的烘焙用品，方便、美观，既有实用性又有美化效果，可在烤制小蛋糕、马芬和小面包时使用。

家里的各种可利用的玻璃杯

现成的模具，做布丁、杯装蛋糕或慕斯时灵活运用，既节约又美观。

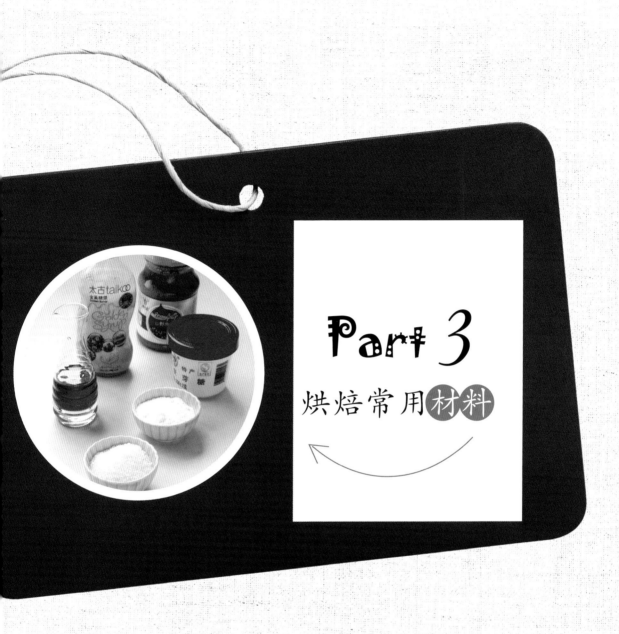

Part 3

烘焙常用材料

1. 高筋粉，中筋粉（普通面粉），低筋粉。

3. 鸡蛋，牛奶，酸奶。

2. 天然粉类：抹茶粉，可可粉，红曲粉。既可做天然添加剂，也可以用于蛋糕表面装饰。

4. 白砂糖，糖粉，焦糖，金黄糖浆，麦芽糖，蜂蜜。

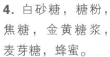

5. 柠檬，浓缩柠檬汁，白醋。在蛋白打发时，没有柠檬汁可用白醋代替，但是如果是柠檬味的糕点，白醋是无法代替的，必须使用新鲜柠檬。

6. 玉米油，黄油。

7. 酵母，泡打粉。

8. 黑巧克力，白巧克力，耐烤巧克力豆。

9. 动物淡奶油。

11. 常用酒类：朗姆酒，百利甜酒，甘露咖啡力娇酒（Kahlua），君度力娇酒（橙味），薄荷酒。

10. 奶油奶酪，乳酪粉，金黄乳酪粉，马斯卡彭奶酪。

12. 香草豆荚，香草精。

14. 果干类：葡萄干，蔓越莓干，蓝莓干，黑加仑干等常用果干。

13. 果仁类：核桃仁，杏仁，榛子碎，杏仁片。

15. 吉利丁片。

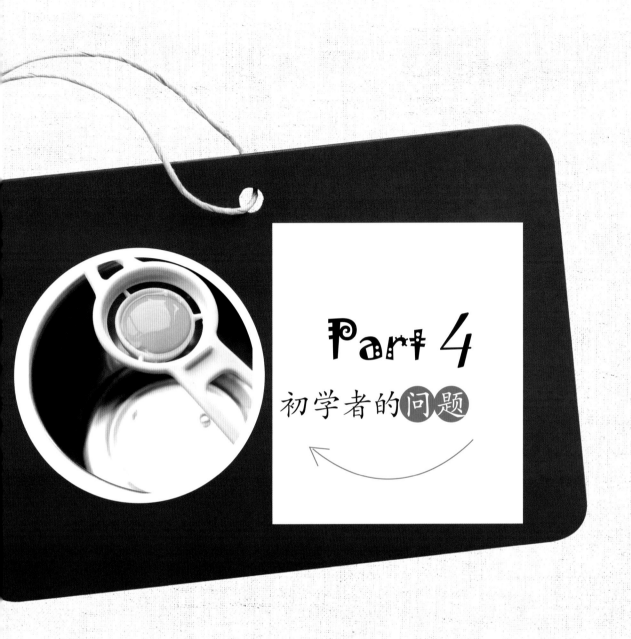

Part 4

初学者的问题

1. 烤箱的购买和使用

根据自己的需要挑选合适的烤箱，最好不小于25升，因为一般家庭的烤箱应该考虑能放进一个直径8英寸的蛋糕模具。如果条件允许，挑选上下火可以分开调整的烤箱最佳。

大多数烤箱配置的是一个烤盘、一个晾架（烤网），建议多配备一个烤盘，方便做饼干、面包等量大的时候使用。

新烤箱买回家，建议用温水擦净内胆，然后烤箱升高温消毒一次。

食物烤完后，建议开启烤箱门散热，并且拔掉插头。

2. 工具、模具的购买

先了解烘焙需要的基础工具、模具，再根据自己的需要挑选品牌和材质，避免选购自己不需要的东西，造成浪费。

3. 模具的清洗

清洗模具可以使用家中常用的餐具洗涤剂，切记不能用钢丝擦之类的工具清洗，以免刮伤模具。模具使用后如果难以清洗，可以先泡一会儿，用洗碗的棉布或海绵清洗，遇到边角不好清洗的地方，可以使用软毛牙刷辅助清洗。

4. 材料的购买

如果家里囤积太多的原材料，不及时用完的话，就只有丢掉，因此除非家里人多、用量大，不建议一次购买太多的材料。

可以选择当地的网络卖家，选择少量分装的原材料，这样既方便、快捷，也保证了材料的新鲜。

5. 如何选择奶油、黄油

动物淡奶油和动物黄油（分为有盐黄油和无盐黄油两种，烘焙一般使用无盐黄油）都是从牛奶中提取的，比较天然，为了健康应该选择这些材料。

6. 黄油、奶油奶酪买多了怎么保存

黄油或奶油奶酪开封之后太长时间不使用，容易变质、发霉。我的做法是：

黄油：一般分割成200~250克一包，放一小包黄油到冷藏室，随时取用，其余的入冷冻室冷冻保存。需要时，提前24小时从冷冻室取出放冷藏室即可。

奶油奶酪：分割成100克一包，用保鲜袋分开包装后，冷冻保存。使用时提前24小时放冷藏室，打发前几小时取出室温软化。

7. 材料的保存

烘焙材料应该用专门的食品收纳盒收纳，最好选择密封性强的，防止串味或受潮。

做面包用的酵母，用不完的应该用容器密封好，放冰箱冷藏或冷冻，防止失效。

Part 5
基本技巧

分蛋的方法

分蛋方法一共有两种，可以借助分蛋器，也可以借助蛋壳。初学者刚开始分蛋时容易把蛋黄弄破，可先使用分蛋器。

用分蛋器分蛋

把分蛋器放在不锈钢盆上挂稳，把鸡蛋打到分蛋器上；蛋黄掉到分蛋器中央，蛋白、蛋黄自然分离。

注意：

购买分蛋器时要注意其长度，最好选择长度恰好能搁置在打蛋盆上的。

利用蛋壳分蛋

① 敲裂蛋壳，轻轻抠开。

② 其中一半蛋壳接住蛋黄，大部分的蛋白会落到盆中，利用手中的两半蛋壳来回倒，滤出蛋白。

③ 将蛋黄放入另一容器中。

注意：

动作要轻，要快，不要弄破蛋黄，以免蛋黄滴落到蛋白中，不利于打发。

蛋白的打发

打发蛋白的过程其实很简单，关键是要注意蛋白的状态，速度要快，时间不宜拖得太长，还要注意避免打发过度。

时间耗费太长，蛋白容易消泡，这样烤出来的蛋糕空洞太大，容易塌陷，蛋糕体也不够松软。

 **1** 蛋黄蛋白分离。将白砂糖倒入蛋白中。

 **2** 滴入几滴柠檬汁或白醋。

 **3** 用电动打蛋器打蛋白（为了迅速起大泡可以调至高速）。

 **4** 片刻之后，蛋白呈粗泡状态。

 **5** 改中速将蛋白打发至细泡。

 **6** 继续打发，慢慢地蛋白呈湿性发泡状态，蛋白柔软，用打蛋器拉起，呈微微下垂状态。

 **7** 改低速继续打发，直至蛋白拉起成直立的尖角，呈干性发泡状态。

注意：

1.装蛋白的打蛋盆必须保证无油无水。

2.分蛋的时候，蛋白中不能有一点蛋黄混入。

3.在打发蛋白的过程中，一定要注意观察蛋白状态，防止打发过度。

4.打发过度的蛋白会变得没有光泽，成为一小块一小块的，此时不宜再使用。

5.柠檬汁或者白醋的作用是帮助蛋白打发及中和蛋白的碱性，如果没有也可以不加。

动物淡奶油的打发

1 取出冷藏的动物淡奶油，倒入打发盆中。

2 加入白砂糖。

3 电动打蛋器调至中速，开始打发奶油。

4 之后，奶油呈黏稠的糊状。（动物淡奶油打发温度不宜过高，天气热的时候最好在打发盆下面加一个装了冰水的盆，这样才容易打发。）

5 将打蛋器调至低速，接下来，奶油开始出现轻微的纹理，轻轻晃动打发盆，奶油还能轻微流动，此时奶油是六至七分发状态。

6 继续打发十几秒，奶油更加黏稠，用打蛋器拉起来看，奶油可以拉出下垂的尖，此时奶油达到了八分发的状态。

7 继续打发，奶油出现明显坚挺的纹路，表面光滑。

8 用打蛋器拉起，可以拉出直立的尖，此时奶油已经打发好了，可以用作蛋糕表面裱花。

吉利丁片的泡发

吉利丁片（Gelatine），又称鱼胶片，是从动物身上提取的蛋白质凝胶，在布丁或者慕斯制作过程中起凝固作用。

①	②	③	④
取一干净容器，将吉利丁片剪成1/4片大小。	倒入冷开水，加入冰块，入冰箱冷藏30~60分钟，使其吸收水分泡发。	取出后滤干水分。	锅内倒入少量水，开小火，将装有泡发的吉利丁片的容器放入锅中，隔水熔化后，加入所需的食材中。

黄油的软化

黄油从冰箱取出，室温放置，用手指轻按，表面出现凹陷，表示软化到位，此时便可用于打发。

如何垫烤纸

① 先取一小块黄油，涂抹烤盘四周。

② 将烤纸裁剪成适合烤盘的大小。按烤盘内底大小折叠后，剪刀顺折痕在四边各剪一刀。

③ 将烤纸垫入烤盘，把剪开的地方折好，轻轻按压烤纸四周，将烤纸与烤盘贴紧。

④ 在重叠部位的烤纸之间抹上黄油贴好。完成。

巧克力屑的刮法

工具
巧克力砖1块，铲刀或挖球器1个。（图1）

方法
① 用铲刀刮巧克力砖的侧面。（图2）
② 用挖球器刮。（图3）

慕斯脱模方法（活底模）

1 先把制作好的慕斯从冰箱取出，用热帕子包住模具四周一会儿。（图1）

2 取一个比模具高的杯子，将模具放上面。（图2）

3 扶住模具往下压，慕斯就取出来了。（图3）

① ② ③

注意：
辅助脱模的杯子，一定要选宽度合适、稳定性强的。

切慕斯的要领

①

为什么别人切的慕斯刀口整齐？其实只需要掌握简单的要领，你也可以！

1 准备一把锋利的餐刀，一块干净帕子，一碗开水。将刀在热水中浸泡一下，给其加温。（图1）

2 用帕子将刀上的水迅速吸干，快速垂直下刀，轻轻切开慕斯。（图2）

3 把刀洗净，再次重复步骤1~2。

②

注意：
每切一刀都要重复步骤1~2，这样，慕斯切口才会整齐、干净、漂亮。

Part 6

新手
渐进十堂课

在Part6和Part7中，操作步骤1、2等除了指操
作步骤之外，亦可用于指该操作步骤所形成
的材料或结果，例如"将2倒入1中"即属后
一种用法。特此说明。

Lesson 1

我们自己制作甜点的目的，除了改变生活、
增加乐趣，还有至关重要的一点就是健康！
甜品原料，我们也能DIY！开始动手吧！

香草精

主要材料：
香草豆荚20克，朗姆酒160克。
准备工作：
可密封的玻璃容器洗净，煮沸消毒，晾干。

香草豆荚，梵尼兰（Vanilla）豆荚，又叫香草枝，是一种带有独特香味的香料。用它泡制而成的香草精，天然，健康，香气浓郁，加入自制的甜点中，味道美妙无穷。

制作过程

① 将香草豆荚剪成1~2厘米长，放入玻璃瓶中。　　② 倒入朗姆酒。

③ 盖紧瓶盖，放到避光的阴凉处，3个月后即可使用。

小贴士：

1.就像我们平时泡酒一样，香草豆荚用酒泡得越久，成品味道越浓郁。

2.香草豆荚和朗姆酒的比例为1∶8，即1克香草豆荚配8克朗姆酒。可根据家中容器的容量调整制作的量。

马斯卡彭奶酪

想要享受口感醇厚、香滑的提拉米苏，必须要用马
斯卡彭奶酪。可是市售的价格高，一般家庭一次用
不了500克，开封久了又容易变质。因此自制是个好
方法，不但降低成本，而且可以根据自己的需要调
节用量。

主要材料：

动物淡奶油370克，柠檬汁1大勺。

主要工具：

滤网，纱布。

制作过程

1 将奶油倒入小奶锅中隔水加热到85℃，其间要不停搅拌。

2 将柠檬汁倒入热奶油中。搅拌均匀，立刻会变浓稠，保持85℃5分钟，不停搅拌。

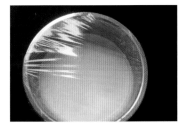 

3 用保鲜膜包好，放进冰箱冷藏8~12小时，取出后奶油比酸奶还要浓稠些。

4 纱布用开水煮10分钟消毒，拧干。取一小盆，放上滤网，垫上消了毒的纱布，将冷藏好的奶酪糊倒在纱布上。

6 拆开纱布，香滑的马斯卡彭奶酪就做成了。成品大约250克，正好是做一个直径6英寸提拉米苏的量。

5 将纱布打结拴在筷子上，下面放一个不锈钢盆，悬挂在冰箱里48小时，滴干乳清。

小贴士：

纱布是棉织品，容易吸收水分，第一天最好取出来把纱布拧一下，拧出多余的乳清。

39

果酱和抹酱
自制草莓果酱

主要材料：
草莓500克，柠檬半个（榨汁），白砂糖90克，麦芽糖105克。（如果没有麦芽糖，白砂糖的用量改为125克。）

准备工作：
可密封的玻璃容器洗净，煮沸消毒，晾干。

制作过程

① 草莓洗净，大的切成6瓣，小的切4瓣。（如果不喜欢大粒果肉可以切成很小的丁状。）

② 加入柠檬汁、白砂糖和麦芽糖。

③ 开大火熬煮，草莓出水、烧开后改小火，记住要经常刮锅底搅拌，以免煳锅。

④ 煮到草莓汁黏稠即可起锅。

⑤ 装入容器中，晾至八成热，加盖密封，倒扣至完全晾凉入冰箱冷藏。

500克草莓，会出大概350克草莓果酱，可以依据这个比例增减，随做随吃，保证新鲜。
做好的草莓酱可以夹在吐司或馒头里，也可做蛋糕卷的夹馅，或放在酸奶里、淋在冰淇淋上……

小贴士：
1.麦芽糖甜度只有白砂糖的1/3，换算后加了105克。
2.家里没有麦芽糖可以只用白砂糖，口感是一样的。
3.草莓：白砂糖=4：1。这样做出来甜度刚刚好，如果喜欢吃甜的可以改成3：1。糖可以起到防腐作用，这个比例的糖量是最低值，不能再减量了。
4.自制草莓果酱没有添加剂和防腐剂，保存时间短，最好尽快吃完。

自制大樱桃果酱

主要材料:
大樱桃（去核）800克，白砂糖120克，冰糖30克，麦芽糖60克，柠檬1个（榨汁）。

准备工作:
可密封的玻璃容器洗净，煮沸消毒，晾干。

制作过程

① 先将大樱桃去核，加入白砂糖和冰糖，此时可以榨柠檬汁。十几分钟后樱桃就会渗出水分。

② 加入柠檬汁。

③ 大火烧开后，转中火。

④ 水稍收干后，加入麦芽糖。

⑤ 把火关小，继续熬煮至黏稠状即可。（中途需用木勺不断搅拌，以防煳锅。）

小贴士:
1.柠檬汁具有一定的防腐和提升口感的作用。
2.大多数水果的果肉是要出水的，所以，熬煮的时候无须加水。
3.没有麦芽糖和冰糖可以全部用白砂糖，麦芽糖的甜度只有白砂糖的1/3，换成20克白砂糖就行了。
4.煮好的果酱晾到八成热时即可装瓶，盖紧，倒立，有隔绝空气作用，完全晾凉后放入冰箱冷藏。
5.可根据自己买的水果量按比例调整辅料的用量。

自制杏子果酱

主要材料：
杏子（去皮去核）果肉400克，白砂糖140克，麦芽糖60克，柠檬半个（榨汁）。

制作过程

1　杏子肉切成丁状，加入白砂糖。

2　加入麦芽糖。

3　倒入柠檬汁。

4　大火烧开后，小火熬煮，中途用木勺刮底搅拌以免煳锅。

小贴士：
1.自己制作的果酱没有添加剂，做的量不要太大，应尽快吃完。
2.没有麦芽糖可换成白砂糖，麦芽糖的甜度只有白砂糖的1/3，换成20克白砂糖就行了。
3.玻璃瓶子需要事先用开水煮几分钟消毒，然后晾干。
4.煮好的果酱晾到八成热的时候装瓶，盖紧，倒立，有隔绝空气作用，完全晾凉后放入冰箱冷藏。
5.杏子煮了比较酸，此方子增加了糖量。

自制花生酱

主要材料:

生花生100克，熟花生油3大勺，白砂糖10克。

制作过程

  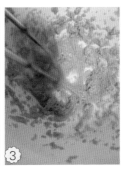

① 烤箱预热至125℃，把花生放中层烤20分钟，至花生皮一搓即掉就可以了。

② 锅内倒入花生油，煎熟，晾凉备用。

③ 烤好的花生去皮放入碾磨机中，加入10克白砂糖，快速碾磨成粉状。（图1~2）

④ 把花生粉倒入搅拌盆，加入花生油，用电动打蛋器搅拌均匀即可。成品大约110克，这个数据供参考。（图3）

小贴士:

1.不喜欢甜味可以不加白砂糖，喜欢咸味的可以加极少的盐。

2.没有花生油，可以改用熟色拉油或者熟玉米油。

3.成品是略黏稠的酱，如果喜欢干一点的，可以减少花生油的用量。

4.因烤箱类型繁多，故书中提到的烤箱温度和时间仅供参考。读者朋友可根据自己的烤箱情况对温度和时间进行适当调整。

酸奶（市售酸奶做菌种）

主要材料：
市售酸奶80克，新鲜牛奶300克，白砂糖15克。

准备工作：
容器洗净，煮沸消毒，晾干。

酸奶机制作法 制作过程

① 将牛奶倒入容器中。

② 加入白砂糖，搅拌均匀后，盖上保鲜膜，入微波炉加热几秒，取出晾至奶温约40℃。

③ 倒入市售酸奶，搅拌均匀。

④ 装入准备好的容器中，盖上保鲜膜，放入酸奶机中。

⑤ 酸奶机盖上盖子，接上电源，6小时后酸奶成布丁状即可食用或放冰箱冷藏。

小贴士：

1.装酸奶的容器要进行煮沸消毒。

2.乳酸菌的最佳发酵温度在37～40℃，温度过高会杀死菌种，温度过低会延长发酵时间，影响口感，因此一定要注意牛奶的温度。

3.选择牛奶时一定要注意不能选择乳饮料。

4.季节不同或者容器的保温效果不同，出成品的时间会有一定出入。

5.酸奶放入冰箱冷藏储存，3天内食用完。

没有酸奶机，电饭锅也可以做酸奶

电饭锅制作法 制作过程

①～④步与酸奶机制作法相同（参见P44）。

⑤ 电饭锅底部垫上厚纱布。

⑥ 放上一个小支架。

⑦ 将装了酸奶的容器放到支架上。

⑧ 电饭锅开启保温挡，锅盖打开一点，防止温度过高。6～8小时后，布丁状的酸奶就做成了。不马上食用的酸奶需放冰箱冷藏。

酸奶（益生菌做菌种）

主要材料：
牛奶500毫升，白砂糖30克，酸奶专用益生菌（每包1克）半包。

准备工作：
容器洗净，煮沸消毒，晾干。

制作过程

① 白砂糖倒入容器中。

② 加入少量牛奶，搅拌至白砂糖溶化后，加盖保鲜膜，入微波炉加热几秒至牛奶温热（大约50℃）。

③ 益生菌倒入另一容器中。

④ 倒入少量牛奶，搅拌均匀。

⑤ 将剩下的牛奶全部倒入4中，拌匀。

⑥ 把2倒入5中，拌匀。

⑦ 容器加盖，放入酸奶机中，插上电源。6~8小时后即可享受布丁状的酸奶了。

小贴士：
1.1克包装的酸奶专用益生菌可用于1000毫升的牛奶制作酸奶。
2.如果没有酸奶机，可以使用电饭锅，前面1~5步参照本文，后面用电饭锅制作的步骤参见P45。

蜜豆

主要材料:

红豆40克，白砂糖20克，水适量。（示范用量，如果准备多做点，请按比例增加。）

制作过程

1 红豆清洗干净，用水浸泡一晚上，放到小锅里，加入至少没过豆子高度两倍的水。

2 先大火煮开，倒入一小碗凉水，大火煮开，再倒一小碗凉水，大火煮开（煮开3次）。

3 煮开后转小火焖煮至豆子酥软，水少到露出豆子（如果水还很多就倒掉一部分）。

4 加入白砂糖，轻轻拌匀。

5 中火将糖煮至溶化，最后收干水即可。

40克红豆煮出来刚好是市售小果酱瓶子满满一瓶，可供参考估算用量，随做随吃，无论是裱蛋糕，还是做刨冰，都很不错！

小贴士:

1.反复加凉水的作用：让豆子内部酥烂，外形却保持相对完整。

2.进行第5步时，一定要随时关注，偶尔翻动，避免蜜豆糊锅。

3.做好后盖紧，入冰箱冷藏，如果在两天之内用不完，密封好后放冰箱冷冻保存。

卡仕达酱

主要材料：
蛋黄2个，白砂糖35克，盐1克，牛奶
250克，玉米淀粉10克，低筋粉10克，
香草豆荚1/3根，无盐黄油15克。

烘焙是个甜蜜的活

制作过程

1 奶锅内倒入牛奶，加入白砂糖10克，将香草豆荚剖开把香草籽刮进去。

2 煮沸牛奶，关火，加盖闷10分钟，让香草豆荚的香味融入牛奶中。

3 蛋黄放入盆中，加入25克白砂糖，搅打均匀。

4 放入过筛的玉米淀粉、低筋粉，拌匀。

5 将2倒1/3入4中，边倒边搅拌。

6 奶锅中剩下的牛奶开小火加热，将5倒入，边倒边搅拌。

7 继续用小火煮，其间一直搅拌，至起大泡即可熄火。

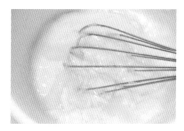

8 马上加入黄油，搅拌至黄油溶化，混合均匀即成卡仕达酱。

9 装入容器中，贴着卡仕达酱的表面盖上保鲜膜，隔冰水冷却。

小贴士：

1.卡仕达酱起锅后，一定要贴着酱的表面盖保鲜膜，这样冷却后，卡仕达酱表面才不会干燥结皮。

2.卡仕达酱用处很多，可以做糕点原料，做糕点馅，也可加入打发好的奶油做馅料，更具风味。

3.刮完香草籽的香草豆荚香味浓郁，把它插入储存白砂糖的密封罐中，过一段时间，白砂糖就会成为有香草味的香草糖。

49

红豆沙

主要材料：
红豆200克，水适量，白砂糖65克，玉米油100克。

制作过程

1 红豆洗干净，加入适量冷水，浸泡一夜。

2 放入奶锅中，加水（水量大约没过奶锅2/3处），大火煮开后，改小火炖煮。

3 直至红豆煮熟、煮烂至大裂口。

4 将锅内煮好的红豆晾至温热后，同锅内的红豆汤水一起倒入搅拌机中打碎。

5 倒入布袋或者纱布中挤水。

6 倒出豆沙。

7 取平底不粘锅，锅中倒入油，烧至八成熟，放入红豆沙，翻炒；至油与豆沙混合后，加入白砂糖翻炒，直至白砂糖熔化炒匀。

8 关火起锅，放入容器中晾凉。密封放入冰箱冷藏保存。

小贴士：

1.传统做法是将煮好的红豆放入筛网中，浸入凉水清洗去皮，但是红豆皮是很有营养的东西，所以特意保留，改用搅拌机打碎后就吃不出豆皮的粗糙感了。

2.水分不宜挤得过干，豆沙水分不够会非常干燥，不够润泽。

3.关于存放：冷却后的豆沙，盖好容器放入冰箱冷藏，如果两天内用不完，应该入冷冻室冷冻，不然很容易坏。

焦糖

主要材料:

白砂糖100克，冷开水25克，开水60克。

制作过程

① 奶锅内放入白砂糖。

② 倒入25克冷开水。

③ 将锅放到灶上，中火烧开。

④ 糖沸腾到一定程度会粘到锅壁，为避免结块、煳锅，可以用毛刷蘸冷开水，在锅壁上刷一圈，这样糖就不会结块了。

⑤ 待锅内的糖浆周围那一圈呈茶色，表示焦糖的温度已经达到了160~170℃，很快就会熬好，此时一定要注意观察，否则就会烧焦。

⑥ 焦糖液全部呈茶色之后，马上缓慢倒入开水。

⑦ 与此同时搅拌焦糖液，使开水和焦糖液混合均匀。

⑧ 关火，将装焦糖的锅浸入冰水中冷却，边晾边搅拌。

⑨ 晾凉之后如果不马上使用，可装入密封容器保存。

小贴士:

1.在操作第6步加入开水时，焦糖液会溅出，因此一定要缓慢倒入，最好戴上手套以免烫伤。

2.制作过程中一直使用中火。

3.把第6步加入的开水换成等量的动物淡奶油，成品即是焦糖酱。

Lesson 2

无门槛果冻、布丁

制作甜品很难吗？不，只需要简单的搅拌、打发、装杯，你就成功了！快来试试吧！

意式奶冻

意式奶冻（Panna Cotta）口感香浓，入口即化，作为一种意大利传统美食，它的制作方法简单，非常适合初学者。

主要材料:

动物淡奶油250克，牛奶250克，香草豆荚1/3根，白砂糖50克，吉利丁片10克。

用量外的打发动物淡奶油少量，时令水果适量。

准备工作:

提前1小时泡发吉利丁片，具体方法参见P31。

制作过程

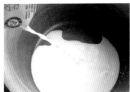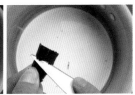

1　奶锅内倒入牛奶、奶油，加入白砂糖，剖开香草豆荚，用小刀把香草籽刮入奶锅中。

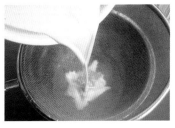

2　加热奶液至沸腾，关火，盖上锅盖闷5分钟，让香草豆荚香味充分融入奶液中。

3　加入泡发的吉利丁片，搅拌至充分溶化并与奶液混合均匀。

4　用筛网过滤奶液到不锈钢盆里。

5　隔冰水冷却至常温，其间缓慢搅拌。

6　倒入模具。

7　冷藏2小时以上。

8　待凝固后，在布丁表面可按自己的喜好装饰奶油及水果。

西瓜果冻（两种造型）

造型1　　　　　　造型2（仿西瓜状）

主要材料：
西瓜汁约350克，白砂糖30克，
开水20克，吉利丁片15克。

准备工作：
提前1小时泡发吉利丁片，具体方
法参见P31。

造型 1 制作过程

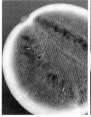 

1 西瓜切开，挖出果肉去子儿，榨汁。

2 白砂糖加开水溶化后，倒入西瓜汁中混合。

3 吉利丁片隔水加热熔化后，加入2中，搅拌均匀。

4 盖好容器，放入冰箱冷藏3~4小时。

5 果冻凝固后，取出，将容器底部浸入热水中几秒。

6 容器上盖上盘子，迅速翻扣入盘。

7 把果冻切成小丁，装盘即可食用。

小贴士：

在操作第5步时，注意观察果冻状态，隔水加热时间不宜过长，否则西瓜果冻会溶化成液体。

造型 2 制作过程

1 ~ 3 步骤同造型1制作过程。

4 将加了吉利丁片的西瓜糖水，倒入挖空的半个西瓜中，放几粒西瓜子。

5 入冰箱冷藏4小时以上。

6 取出后切块，表面贴上几粒西瓜子做装饰。

芒果布丁

主要材料：

芒果1个（果泥约360克），吉利丁片10克，水100克，牛奶70克，香草豆荚1/3根，动物淡奶油50克，白砂糖60克。

准备工作：

1.提前1小时泡发吉利丁片，具体方法参见P31。

2.芒果切丁。

①将芒果洗净，擦干表皮的水，平放在菜板上，横剖成3片，以便取核。（图1）

②纵切成条。（图2）

③小刀沿着果皮，分离果皮和果肉，再把芒果条切成丁。（图3）

④放入搅拌机搅打成果泥。（图4）

制作过程

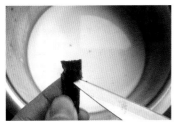

1 奶锅中倒入牛奶、白砂糖，将香草籽刮入牛奶中，煮沸后关火，盖上锅盖闷入香草香味。

2 在另一口锅内倒入水，煮沸后关火，加入泡发的吉利丁片，搅拌至溶化。

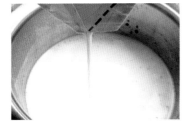

3 将2倒入1中，搅拌均匀。

4 加入奶油。

5 倒入芒果果泥。

6 搅拌均匀后，倒入模具中，入冰箱冷藏3小时后即成。

小贴士：

奶油可换成等量的牛奶。

蛋奶布丁&焦糖布丁

主要材料:

蛋奶布丁: 牛奶250克, 动物淡奶油50克, 白砂糖30克, 盐微量, 香草豆荚1/3根, 鸡蛋2个, 吉利丁片10克。

焦糖: 白砂糖80克, 冷开水25克, 开水25克。

准备工作:

1.提前1小时泡发吉利丁片, 具体方法参见P31。

2.熬制焦糖, 将焦糖倒入杯底 (图1), 入冰箱冷藏至少半小时。焦糖做法参见P53。

3.鸡蛋打散备用。

制作过程

   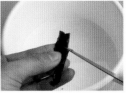

1 奶锅内倒入牛奶、奶油、白砂糖、盐。

2 用小刀刮入香草籽。

3 中火加热奶液至沸腾，离火（轻微搅拌）。

4 加入打散的鸡蛋，边倒边搅拌，防止鸡蛋结块。

5 放入泡发的吉利丁片，轻轻搅拌至其溶化，充分混合均匀。

6 将5过滤，晾至室温，即成蛋奶布丁液。

7 将蛋奶布丁液装入杯中，入冰箱冷藏3~4小时。

取布丁的方法：

1 布丁做成后，取出，用牙签沿着杯壁轻轻划一圈，使布丁和杯壁分离。

2 取一小盘盖在杯子上，迅速倒扣，摇动几下，布丁就倒出来了。

小贴士：

1.此配方不加焦糖就是蛋奶布丁，加入焦糖即为焦糖布丁。

2.去掉配方中的吉利丁片，烤箱预热至165℃，烤盘内加凉水放入耐热烤杯装的布丁液，中层，上下火，25分钟，就是烤布丁。

3.不想用烤箱的话，可以蒸布丁蛋糕：去掉配方中的吉利丁片，蒸锅加水烧开，改小火，放入耐热烤杯装的布丁液，20~25分钟即可蒸出好吃的布丁。

Lesson 3

超简单
小饼干

小朋友的小零食，亲友聚会的小点心，工艺
简单，味道可口。

手指饼干

手指饼干是提拉米苏的最佳搭档，在法式甜点中，也把它称为分蛋法海绵。不管是直接吃，还是用来做提拉米苏，装饰慕斯，搭配冰淇淋，都不错。

主要材料：
鸡蛋2个，白砂糖30克，低筋粉50克。

主要工具：
裱花袋1只，圆头花嘴1个（图1）。

制作过程

① 蛋黄蛋白分离。

② 将蛋白打发，加入白砂糖，打至干性发泡。

③ 蛋黄打散；取1/2打发好的蛋白加入到蛋黄中。

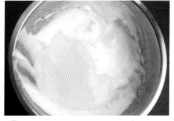

④ 将3倒回到2中，搅拌均匀。

⑤ 加入过筛的低筋粉，翻拌均匀。

⑦ 放入预热至200℃的烤箱内，中层，上下火，12~15分钟。烤好后取出，放到晾架上晾凉。

⑥ 裱花袋装好圆头花嘴，把面糊装入裱花袋，烤盘铺上耐高温烤布。用花嘴挤出手指状的长条。

小贴士：

1.手指饼干烘烤的时候，必须在烤盘上铺耐高温烤布或烤纸，否则会粘在烤盘上，不容易取下。

2.手指饼干容易受潮，晾凉后尽快放入可密封的容器中。

＿＿＿＿＿＿干

是澳大利

＿＿＿＿＿＿军团的
＿＿＿＿＿＿＿＿＿＿们做这
种饼干作为圣诞礼物，后来这种饼干流
传下来，作为一种纪念。它又被称为"澳
洲军团蛋饼干——燕麦椰丝小饼"。

主要材料:

中筋粉(普通面粉)120克，麦片110克，红糖粉35克，盐1克，椰丝55克，无盐黄油125克，金黄糖浆40克，小苏打3克，水20克。

制作过程

1 面粉过筛，添加红糖粉、盐、麦片、椰丝。

2 隔水熔化黄油，加入金黄糖浆后倒入1中。

3 小苏打加水混合后倒入2中。

4 将配料拌匀成团。

5 取核桃大小的面团，揉成球状，排放入烤盘。

6 轻轻拍扁。

7 放入预热至175℃的烤箱内，中层，上下火，15~20分钟。烤好后取出，放到晾架上晾凉。饼干冷却会变硬，吃起来香脆可口。

小贴士:

1.买不到金黄糖浆，可以用自己熬制的焦糖代替，焦糖做法参见P53。

2.如果怕最后揉饼干球时太粘手，可以戴上一次性手套操作。

牛奶曲奇&可可曲奇

主要材料:
中筋粉（普通面粉）210克，奶粉40克，无盐黄油160克，白砂糖55克，牛奶60克，盐1克，可可粉8~10克，柠檬汁几滴。

主要工具:
布质裱花袋2只，十齿曲奇花嘴2个。

准备工作:
1.面粉过筛成2份，每份105克。
2.黄油室温软化；软化后的黄油轻轻一按，表面就会有凹陷。（图1）
3.花嘴套入裱花袋。（图2）

制作过程

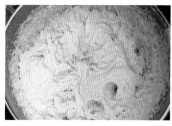

① 将室温软化的黄油加入盐和白砂糖，打发至膨松、略发白。

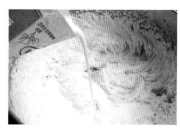

② 分两次加入牛奶，挤入几滴柠檬汁，搅打均匀。

③ 将2分一半到另一个盆中。

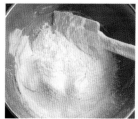

④ 两个盆都加入20克奶粉和105克过筛后的面粉，其中一盆筛入8~10克可可粉。分别拌匀。

⑤ 将牛奶曲奇和可可曲奇面糊分别装入裱花袋。

⑥ 烤盘垫上耐高温烤布，用十齿曲奇花嘴挤出环形曲奇。

⑦ 放入预热至180℃的烤箱内，中层，上下火，15~20分钟（具体时间视曲奇表面情况而定）。烤好后取出，放到晾架上晾凉。

小贴士:
曲奇饼干的面糊质地较干，不是很容易挤出，用一次性裱花袋容易挤破，因此必须使用布质裱花袋。

趣多多

主要材料：

中筋粉（普通面粉）125克，红糖粉10克，金黄糖浆20克，无盐黄油80克，小苏打3克，盐1克，耐烤巧克力豆45克，鸡蛋1个（约55克），香草精适量。

制作过程

1 黄油室温软化。

2 用电动打蛋器打至顺滑，加入红糖粉和鸡蛋。

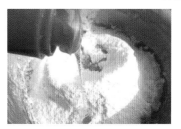

3 倒入过筛的面粉，加入金黄糖浆。

4 加入适量香草精。

5 加入耐烤巧克力豆。

6 拌匀成团后，分成核桃大小的团，揉圆，排入垫好耐高温烤布的烤盘。

7 轻轻拍扁。

8 表面再按上几粒耐烤巧克力豆（分量外的）。

9 放入预热至175℃的烤箱内，中层，上下火，20分钟。烤好后取出，放到晾架上晾凉。

小贴士：

没有金黄糖浆可用自己熬制的焦糖代替，焦糖做法参见P53。

Lesson 4

零失败
马芬

做蛋糕很难吗？容易失败吗？那就用这几款
马芬来初试牛刀，增加信心吧！零失败哦！

玉米马芬

主要材料：

无盐黄油100克，白砂糖60克，盐微量，鸡蛋2个，低筋粉200克，泡打粉5克，酸奶120克，罐头水果玉米100克。

准备工作：

1.室温软化黄油。（图1）

2.罐头水果玉米滤干水分备用。（图2）

制作过程

1 分2~3次将白砂糖加入软化的黄油中，将黄油打发至膨松、略发白。

2 分两次加入鸡蛋，每次搅拌均匀，使黄油和蛋液充分混合。

4 依次加入酸奶、剩下的低筋粉和70克玉米粒，搅拌至面糊光滑均匀。

3 加入盐、泡打粉和1/2的低筋粉，搅拌均匀。

5 用裱花袋挤入垫好油纸托的模具中。

6 表面撒上剩下的玉米粒。

7 放入预热至180℃的烤箱内，中层，上下火，20~25分钟。烤好后取出，放到晾架上晾凉。

71

柠檬马芬

主要材料：

鸡蛋2个，白砂糖55克，盐微量，柠檬皮1个，牛奶60克，低筋粉150克，无盐黄油130克，泡打粉3克。

准备工作：

1.提前半小时，用刨丝磨蓉器将柠檬皮刮成屑。（图1）

2.加入30克白砂糖混合。让白砂糖浸入柠檬皮的清香味。（图2）

3.黄油隔水熔化。（图3）

制作过程

① 将鸡蛋和25克白砂糖用打蛋器搅拌均匀，加入盐和混了白砂糖的柠檬皮屑。

② 加入牛奶搅拌均匀。

③ 加入过筛的低筋粉和泡打粉，搅拌成黏稠的面糊。

④ 加入隔水熔化的黄油。

⑤ 搅拌至面糊光滑均匀，盖上保鲜膜，入冰箱冷藏1小时。

⑥ 面糊装入垫好油纸托的模具中，约八分满。

⑦ 放入预热至180℃的烤箱内，中层，上下火，20~25分钟。烤好后取出，放到晾架上晾凉。

巧克力马芬

主要材料：
低筋粉85克，可可粉10克，泡打粉4克，鸡蛋2个，盐1克，白砂糖45克，牛奶30克，巧克力50克，无盐黄油50克，榛子碎50克，耐烤巧克力豆、打发的动物淡奶油少量，装饰插牌几个。

准备工作：
碗内放入黄油和巧克力，隔水熔化，备用。

制作过程

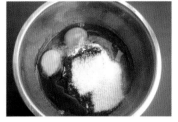

① 低筋粉、可可粉、泡打粉筛入盆中，加入白砂糖和鸡蛋。

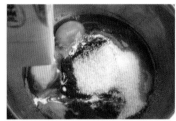

② 倒入牛奶，拌匀。

③ 加入熔化的黄油巧克力液，拌匀。

④ 加入榛子碎，拌匀。

⑤ 盖上保鲜膜，静置30分钟。

⑥ 模具中放入油纸托，将面糊装入裱花袋。把面糊挤入油纸托中约七分满。

⑦ 表面撒几粒耐烤巧克力豆。

⑧ 放入预热至180℃的烤箱内，中层，上下火，25~30分钟。烤好后取出，放到晾架上晾凉。

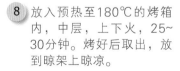

表面装饰：

① 用打发好的奶油在巧克力马芬表面挤出奶油花。

② 插上装饰插牌。

小贴士：
1.榛子碎可以换成烤香的花生碎或者杏仁碎，也可以不放。
2.表面可按自己的喜好装饰，也可不做装饰。

Lesson 5

炎炎夏日，来一杯沁人心脾的自制冰品吧！

草莓冰淇淋

主要材料:

蛋黄2个,白砂糖40克,柠檬汁1小勺,牛奶200克,动物淡奶油150克,自制草莓果酱(参见P40)150克。

准备工作:

冰淇淋机内胆应在使用前12小时入冰箱冷冻室冷冻。

制作过程

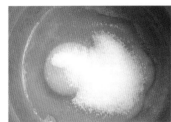

① 蛋黄放入打蛋盆,加入白砂糖用手动打蛋器搅打。

② 加入柠檬汁,搅拌。倒入牛奶拌匀。

③ 小火煮至浓稠(边煮边搅拌)。

④ 手指划过木勺面上,纹路清晰即可,过筛后冷却备用。

⑤ 倒入奶油,混合。

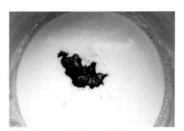

⑥ 加入草莓果酱拌匀。

⑦ 倒入冰淇淋机,搅拌25~30分钟即可。

⑧ 把奶昔状的冰淇淋半成品装入密封盒子中,喜欢果肉多的可再加入几勺草莓果酱,混合拌匀后放入冷冻室,2小时后即可取出食用。

小贴士:

1. 有草莓的季节,可将草莓果酱换成250克草莓果泥。

2. 如无冰淇淋机,可参考P84"芒果冰淇淋"的制作方法。

3. 吃前提前半小时放入冷藏室,冰淇淋稍软化后容易挖球。

酸奶冰淇淋

吃的时候可以搭配水果或者巧克力豆、巧克力屑，别有风味！

主要材料：

自制酸奶（参见P44）180~200克，动物淡奶油150克，白砂糖35克，香草精适量。

制作过程

  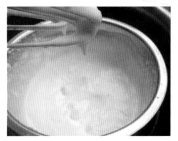

① 奶油加入白砂糖，打至六分发（微微流动状）。

② 加入酸奶拌匀。

③ 滴入适量香草精，拌匀。

④ 倒入密封盒中，盖上盖子。

⑤

放入冰箱冷冻室，每30~45分钟取出用勺搅拌、刮松，重复4~5次，间隔时间视具体情况而定。

小贴士：

1.因为自制的酸奶很浓稠，所以没有再加蛋黄糊。如果喜欢蛋黄糊口感的，可以参照其他冰淇淋，蛋黄打散加入100克牛奶中，煮成浓稠糊状，晾凉后加入酸奶、打发奶油，搅拌均匀即可。

2.操作第5步时，视冰淇淋凝结的具体情况调整取出来刮松的间隔时间。

3.吃前提前半小时把冰淇淋放入冷藏室，冰淇淋稍软化后容易挖球。

百利甜水果冰沙

主要材料：

开水约200克，白砂糖20克，百利甜酒10克，煮好的西米约100克，时令水果、葡萄干、黑加仑干、炼乳适量，黑芝麻少量。

准备工作：

1.煮好西米，晾凉备用。

①锅内水烧开，加入西米。（图1）

②大火烧开后中火煮几分钟，边煮边搅拌，防止粘锅。关火，盖上锅盖闷20分钟左右。（图2）

③如果西米有白心，就重复上一步，直到西米透明为止。（图3）

④滤干水，把西米放入事先晾凉的开水中浸泡。（这样防止粘连，并且口感更好。）（图4）

2.水果切丁备用。

制作过程

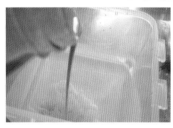

① 便当盒中倒入开水，加入白砂糖，溶化后晾凉。然后加入百利甜酒，拌匀。

② 把便当盒扣好，放入冰箱冷冻室1小时。取出，用叉子把刚结晶的冰叉碎（这时冰很少）。

③ 之后每隔半小时取出用叉子把冰叉碎，直到完全冻结成冰碴儿为止。

④ 舀出适量冰沙到容器中，加入适量炼乳。

⑤ 表面加上煮好的西米、时令水果、葡萄干、黑加仑干，并撒上黑芝麻装饰。

小贴士：

1.糖量按个人喜好添加，如果觉得甜味不够，也可以在冰沙装盘后加一勺蜂蜜水。

2.后期的水果可按个人喜好自行搭配。

香草冰淇淋

主要材料：
蛋黄2个，白砂糖45克，动物淡奶油220克，牛奶150克，香草豆荚1/3根。

准备工作：
冰淇淋机内胆应在使用前12小时入冰箱冷冻室冷冻。

制作过程

1 香草荚剖开，把香草籽刮入牛奶中，牛奶小火煮沸，离火，盖上盖子闷5~10分钟。

2 盆中放入蛋黄和白砂糖。

3 用电动打蛋器把2打成略白、柔滑的蛋黄糊。

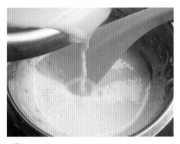

4 将1缓慢倒入3中，边倒边搅拌，防止蛋黄结块。

5 再用小火熬煮呈浓稠状，过筛一次，放入冰水中晾凉。

6 加入奶油混合均匀。

7 倒入冰淇淋机，搅拌30~40分钟成奶昔状。

8 取出放入容器中，冷冻保存。

小贴士：
1.如无冰淇淋机，可参考P84"芒果冰淇淋"的制作方法。
2.吃前提前半小时放入冷藏室，冰淇淋稍软化后容易挖球。

芒果冰淇淋

主要材料:

蛋黄2个，白砂糖50克，柠檬汁1小勺，牛奶200克，动物淡奶油150克，芒果2个（中等大小）。

制作过程

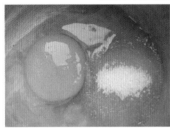

① 蛋黄放入打蛋盆，加30克白砂糖用手动打蛋器搅打。

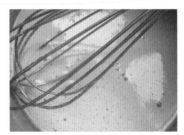

② 加入柠檬汁，拌匀后，倒入牛奶拌匀。

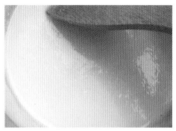

③ 再用小火把2煮至浓稠（边煮边搅拌），用筛网过滤一次，冷却备用。

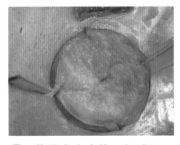

④ 芒果去皮去核，切成丁，放入搅拌机中搅拌成果泥。

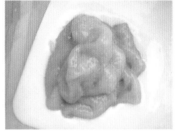

⑤ 将4倒入3中，拌匀。

⑥ 奶油加入20克白砂糖，用电动打蛋器打至八分发，倒入5中。

⑦ 把6倒入密封盒，放入冰箱冷冻室，每30~45分钟取出用勺搅拌、刮松，重复4~5次，间隔时间视具体情况而定。

小贴士：

1. 操作第7步时，视凝结的具体情况调整取出来刮松的间隔时间。
2. 可将芒果换成自己喜欢的水果，就变成不同口味的冰淇淋了。
3. 吃时提前半小时放入冷藏室，冰淇淋稍软化后容易挖球。

香草冰淇淋的华丽大变身1

暴风雪

有没有吃过DQ的"暴风雪"？自己也可以DIY的哦！

1 刮掉奥利奥饼干的夹馅。

2 掰成小颗粒。

3 加入香草冰淇淋中，搅拌均匀。

主要材料：
自制香草冰淇淋适量，奥利奥饼干适量。

小贴士：
香草冰淇淋做法参见P83。

香草冰淇淋的华丽大变身2

卡萨塔冰淇淋

传统的意式卡萨塔冰淇淋（Cassata ice cream），是冰淇淋加上各种水果蜜饯、朗姆酒、巧克力酱或浓咖啡、杏仁及橙皮碎混合而成的。

主要材料：

香草冰淇淋180克，葡萄干、黑加仑干共40克，杏仁角碎、大杏仁、朗姆酒、市售棉花糖适量，速溶特浓咖啡少量，黑巧克力1小块，无糖消化饼干2片。

准备工作：

1.葡萄干、黑加仑干（图1），用朗姆酒浸泡30分钟以上。

2.速溶特浓咖啡用少量开水调匀后，加入黑巧克力溶化。

2.市售棉花糖剪成小块。（图2）

4.杏仁角碎放入烤箱中层，100℃，5~8分钟烤香；大杏仁切碎，备用。

制作过程

1 将棉花糖、一半的浸泡葡萄干和黑加仑干倒入冰淇淋中，搅拌均匀，放入冷冻室冷冻2小时。

2 无糖消化饼干碾碎，放入杯底。

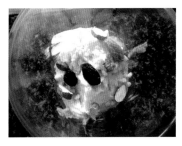

3 舀一层冰淇淋，加几粒黑加仑干和葡萄干，撒上杏仁角碎和大杏仁碎，如此重复几次。

4 表面淋上少量溶化了黑巧克力的浓咖啡，再撒上点果干和杏仁碎，并进行表面装饰。

小贴士：

第4步中的浓咖啡，也可换成巧克力酱。

Lesson 6

做甜品剩下的蛋白怎么办？用来烤天使蛋糕，
做面包……还有其他用处吗？翻开这一课，
你会发现，蛋白做的小甜点也蛮有意思呢！

榛子碎薄脆片

主要材料：

蛋白1个，白砂糖25克，盐1克，无盐黄油80克，
烤榛子碎80克，低筋粉55克。

准备工作：

1.黄油隔水熔化。

2.低筋粉过筛。

制作过程

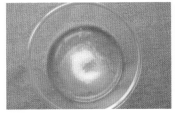

① 将蛋白倒入搅拌盆，加入白砂糖和盐，轻轻搅拌至糖溶化。

② 倒入熔化的黄油，搅拌均匀。

③ 倒入过筛的低筋粉，拌至无颗粒。

④ 加入烤榛子碎，搅拌均匀。

⑤ 准备一把勺子，将面糊舀至不粘烤盘上，把面糊抹平成直径约7厘米的圆薄片。

保存方法：装入可密封的食品盒中。

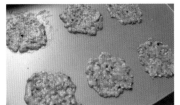

⑥ 放入预热至180℃的烤箱内，中层，上下火，8~9分钟。烤好后取出晾凉即可食用。

小贴士：

1.操作第1步搅拌加了白砂糖的蛋白时，无须打至发泡，只是轻拌使白砂糖溶化，也可隔温水搅拌。

2.没有烤榛子碎可以换成烤花生碎或者杏仁碎。

棉花糖

主要材料:

蛋白3个,白砂糖70克,麦芽糖10克,白砂糖20克(打发蛋白用量),水40毫升,吉利丁片2片,柠檬汁10克,覆盆子适量,玉米淀粉适量。

准备工作:

1.吉利丁片放入冰水中,提前1小时入冰箱冷藏泡发,备用。

2.覆盆子放滤网上挤出适量果汁冷藏备用。

3.容器内垫上烤纸,筛入适量玉米淀粉,入冰箱冷藏备用。

4.2只裱花袋分别套上圆头花嘴和多齿花嘴。

制作过程

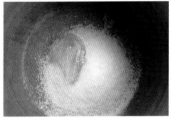  

① 锅中放入70克白砂糖、麦芽糖和水,大火烧开,改中小火烧至接近120℃。

② 蛋白加入20克白砂糖和几滴柠檬汁,打至干性发泡(直立尖角)。

 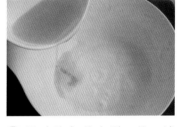 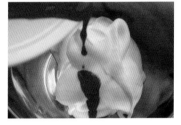

③ 将热糖浆缓缓倒入打发好的蛋白盆中,用电动打蛋器继续打至混合均匀。

④ 取出泡好的吉利丁片,滤干水分,隔水熔化,加入3中,同时加入柠檬汁,搅拌均匀。

⑤ 将4分成2份,一份直接装入圆头花嘴的裱花袋中,另一份加入覆盆子汁拌匀后,装入多齿花嘴的裱花袋中。

⑥ 把冷藏过的容器从冰箱取出来,将未定型的棉花糖糊挤入容器。

⑦ 入冰箱冷藏半小时以上,取出后在表面筛上玉米淀粉。

小贴士:

1.最后盛放棉花糖的容器必须冷藏或者坐冰水降温才挤入棉花糖。这样挤出的花形更稳定。

2.冷藏完后取出,尽快筛上玉米淀粉,防止粘连。

3.撒了玉米淀粉的成品棉花糖,在30℃以下不会软化粘连。

蛋白饼

主要材料：

蛋白饼：蛋白4个，白砂糖30克，柠檬汁少量，盐微量，玉米淀粉2大勺（约30克），香草精几滴。

后期装饰：动物淡奶油100克，白砂糖10克，卡仕达酱40克，新鲜水果适量。

制作过程

① 蛋白加入白砂糖、盐、柠檬汁，打发至硬性发泡。

② 取1/3到另一不锈钢盆中。

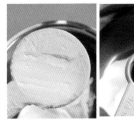

③ 在2中加入玉米淀粉、香草精，拌匀。

④ 把3倒回1中，拌匀。

⑤ 把蛋白糊倒入铺好烤纸的烤盘中。

⑥ 用抹刀抹成直径约15厘米的圆柱体。

⑦ 放入预热至160℃的烤箱内，中层，上下火，50~60分钟。

⑧ 烤好后取出，放到晾架上晾凉。

小贴士:

1.可以直接在整块蛋白饼上抹上奶油，加水果铺满。

2.如果没有卡仕达酱，可以直接使用打发好的奶油

后期装饰:

① 奶油加白砂糖10克打发，加入卡仕达酱搅拌均匀。

② 将蛋白饼切成3厘米见方的丁，放入容器底部，加入适量1。

③ 放入适量新鲜水果。

④ 重复2~3步操作，直到容器装满。表面可挤上奶油花、放上其他水果装饰。

Lesson 7

柔软香甜的
小蛋糕

喜欢蛋糕的柔软，喜欢蛋糕的清香⋯⋯不同的搭配，
不同的口味，看看这些美味的蛋糕吧！下午茶必备哦！

戚风蛋糕用量表

名称	直径 6 英寸烤模	直径 7 英寸烤模	直径 8 英寸烤模
鸡蛋	3 个	4 个	5 个
玉米油（或色拉油）	40 克	50 克	60 克
牛奶（水或果汁）	50 克	60 克	70 克
盐	微量	微量	微量
低筋粉	60 克	75~80 克	100 克
白砂糖	30 克	40 克	50 克
柠檬汁（或白醋）	几滴	几滴	几滴
香草精	适量	适量	适量
烘烤时间	170℃ 35 分钟	170℃ 40 分钟	170℃ 40 分钟

注意：

1.可可味戚风蛋糕，可可粉和面粉用量

名称	直径 6 英寸烤模	直径 7 英寸烤模	直径 8 英寸烤模
可可粉	10 克	15 克	20 克
低筋粉	50 克	60~65 克	80 克

可可粉随低筋粉一起过筛后，按程序加入。

2.巧克力味戚风蛋糕，黑巧克力用量

名称	直径 6 英寸烤模	直径 7 英寸烤模	直径 8 英寸烤模
黑巧克力	25 克	30 克	35 克

黑巧克力放入牛奶中，隔水熔化后，按程序加入。

以直径 6 英寸戚风蛋糕为例（其他尺寸戚风蛋糕用量参见 P95）。

主要材料：
鸡蛋3个，玉米油40克，牛奶50克，低筋粉60克，白砂糖30克，盐微量，香草精、柠檬汁或白醋几滴。

基础戚风蛋糕制作过程

1 蛋黄蛋白分离，分别放入无油无水的不锈钢盆中。往装蛋黄的盆中加入玉米油，搅拌混合均匀。

2 加入牛奶，拌匀。

3 加入低筋粉和盐。

4 用手动打蛋器，以N字形快速来回拌匀后，再滴入香草精拌匀。

5 面糊光滑无颗粒。

6 往装蛋白的盆中倒入白砂糖。

7 加入几滴柠檬汁，开始打发蛋白。

8 开始可以用高速打至粗泡，再改中速打至细泡，最后用低速打至干性发泡。此时蛋白纹路明显，打蛋器在蛋白中有轻微阻力，拉起成直立小尖角。

9 将1/3的蛋白加入5的面糊中，翻拌均匀（像炒菜一样，用刮刀从底部翻拌，动作要轻，速度要快，以免蛋白消泡）。此时烤箱可以开始预热。

10 把9倒回到打发好的蛋白盆中，翻拌均匀，成光滑面糊。

11 倒入直径6英寸圆形模具中。

12 将模具往案板上轻轻磕一下，震出微量气泡，放入预热至170℃的烤箱内，下层，30分钟。

13 烤好后的戚风蛋糕马上取出，倒扣到晾架上，直至晾凉才翻过来脱模。

蛋糕脱模：

1 戚风蛋糕晾凉后，把模具翻过来。用脱模刀、小刀或竹签沿边缘轻轻划一圈，使蛋糕体与模具分离。

2 取出蛋糕体，此时模具的活底仍旧与蛋糕连在一起。左手扶住蛋糕体一边，右手扶住另一边，右手稍稍用力，往中间横向挤压；转动蛋糕体，以此方法继续按压，四周蛋糕体都脱离模具活底之后，最后稍稍用力，中心部分即脱离活底。

肉松蛋糕

主要材料（直径6英寸蛋糕的量）：

鸡蛋3个，玉米油40克，牛奶50克，低筋粉60克，白砂糖30克，盐1克，柠檬汁或白醋几滴，肉松适量，大葱1根（切成葱花）。

准备工作：

1. 蛋黄蛋白分离。
2. 低筋粉过筛。

制作过程

1. 蛋黄加入盐，倒入玉米油，搅拌均匀。

2. 加入牛奶，拌匀。

3. 加入过筛的低筋粉，快速翻拌成面糊。

4. 蛋白加入白砂糖和柠檬汁，打至干性发泡，蛋白纹路明显，打蛋器在蛋白中有轻微阻力为止，蛋白拉起成直立小尖角。

5. 将打发好的蛋白分3次与面糊拌匀。

6

33厘米×23厘米长方形烤盘铺上烤纸，将面糊倒入烤盘中，刮平，轻震烤盘，消除气泡。

7

撒上适量的肉松，再撒上葱花。

8

放入预热至175℃的烤箱内，中层，上下火，15~20分钟，烤至四周边缘有一点点微皱。

取出后放到晾架上，撕开侧面烤纸，晾凉，去掉烤纸切块即可。

香橙果酱卷

主要材料：

鸡蛋3个，玉米油40克，低筋粉65克，鲜榨橙汁50克，柠檬汁几滴，白砂糖35克，盐微量，橙皮碎10克。

准备工作：

1.蛋黄蛋白分离，分别放入两个打蛋盆中。

2.低筋粉过筛。

3.橙子洗净，用刨丝磨蓉器将橙皮刮成屑。橙子榨汁，备用。（图1）

4.33厘米×23厘米长方形烤盘垫好烤纸。

制作过程

① 蛋黄加入玉米油拌匀，加入橙汁、盐，拌匀。

② 加入低筋粉和橙皮碎，拌匀，成光滑面糊。（图2）

③ 将白砂糖和柠檬汁加入蛋白中，打至湿性发泡，将打发好的蛋白分1/3到2中，翻拌均匀后，倒回蛋白盆中，翻拌成光滑面糊。

（以上步骤可参考P96"基础戚风蛋糕制作过程"。）

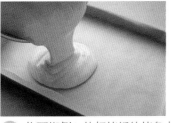

④ 将面糊倒入垫好烤纸的烤盘中，用刮板刮平。

⑤ 轻震烤盘，消除气泡，放入预热至160℃的烤箱内，中层，上下火，20分钟。

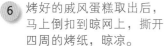
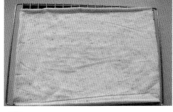
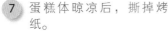

⑥ 烤好的戚风蛋糕取出后，马上倒扣到晾网上，撕开四周的烤纸，晾凉。

⑦ 蛋糕体晾凉后，撕掉烤纸。

⑧ 蛋糕体翻面，在距离边缘每隔1.5厘米轻轻划一刀，共划4~5刀，深度大约0.5厘米。

⑨ 蛋糕体表面抹上果酱，擀面杖放在烤纸下帮助卷动，卷烤纸的同时将蛋糕体顺势向前卷起，成圆柱形。

小贴士：

1.做戚风蛋糕卷，蛋白打发至湿性发泡，这样蛋糕体烤出来更软，卷的时候不易开裂。

2.第8步中，用刀切割蛋糕体有助于后面的卷动操作。

⑩ 卷好后，收口朝下放置，用烤纸包住蛋糕卷，轻轻包好两头，入冰箱冷藏40分钟，定型。取出后，先将两头切整齐，再切成适当厚度即可。

红曲戚风卷

主要材料：

蛋糕体：蛋黄3个，蛋白4个，白砂糖35克，盐微量，玉米油45克，低筋粉65克，红曲粉微量，牛奶50克，柠檬汁几滴。

夹馅：卡仕达酱80克（做法参见P49：香草豆荚1/4根，牛奶120克，玉米淀粉5克，低筋粉5克，蛋黄2个，无盐黄油10克，白砂糖15克），动物淡奶油120克，白砂糖12克。

准备工作：

1.低筋粉过筛。

2.33厘米×23厘米长方形烤盘垫好烤纸。

制作过程

蛋糕体：
可参考P96"基础戚风蛋糕制作过程"。

1 蛋黄中加入玉米油、牛奶、低筋粉、盐，拌匀成黏稠面糊。（加一种材料，拌匀，再加另一种材料。）加入红曲粉，拌匀。

2 蛋白加入白砂糖和柠檬汁，打至湿性发泡后，分1/3入1中，快速翻拌均匀。

3 加入剩余蛋白，翻拌均匀。

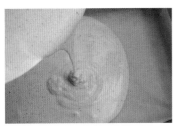

4 倒入铺好烤纸的烤盘中。放入预热至160℃的烤箱内，中层，上下火，20分钟。

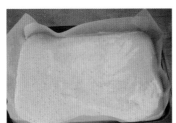

5 蛋糕体烤好后，取出，倒扣到晾架上晾凉后，撕掉烤纸，备用。

夹馅：
1 奶油加上白砂糖打至八分发。
2 裱花袋装上圆头花嘴。取30克卡仕达酱，加上10克打发好的奶油拌匀后，装入裱花袋中。

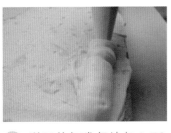

3 剩下的打发奶油加入50克卡仕达酱拌匀后，均匀地涂抹到蛋糕体上；在离蛋糕体边缘2~3厘米处用裱花袋挤上卡仕达奶油馅。

4 擀面杖放在烤纸下帮助卷动，卷烤纸的同时将蛋糕体顺势向前卷起，成圆柱形。

5 用烤纸包好蛋糕卷，两头封好后入冰箱冷藏40分钟。取出后，先将两头切整齐，再切成适当厚度即可。

小贴士：
1.做卡仕达酱剩下的蛋白加到做蛋糕的蛋白中。
2.市售红曲粉纯度高，粉质细腻，因此只需极少量就会很红，要做成图中浅粉色的可爱蛋糕卷，需微量慢慢添加，观察上色度。

关于红曲
红曲以籼米为原料，采用现代生物工程技术分离出优质的红曲霉菌，再经液体深层发酵精制而成，是一种纯天然、安全性高、有益于人体健康的食品添加剂。

抹茶蜜豆奶油蛋糕

主要材料：

蛋糕体：鸡蛋3个，白砂糖35克，盐微量，玉米油45克，低筋粉55克，抹茶粉13克，牛奶50克，柠檬汁几滴。

糖酒液：朗姆酒10克，白砂糖20克，水30克。

夹馅：动物淡奶油约200克，白砂糖20克，香草精、蜜豆适量。

装饰：巧克力屑、草莓、银珠糖适量。

准备工作：

1.蛋黄蛋白分离。

2.低筋粉过筛。

3.调好糖酒液。

制作过程

① 蛋黄加入盐，倒入玉米油，搅拌均匀；加入牛奶，拌匀。

② 加入过筛的低筋粉和抹茶粉，快速搅拌成面糊。

③ 蛋白加入白砂糖和柠檬汁，打至干性发泡，蛋白纹路明显，打蛋器在蛋白中有轻微阻力为止，蛋白拉起成直立小尖角。

④ 将打发好的蛋白分3次与面糊拌匀。

  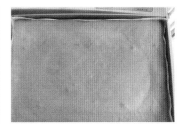

⑤ 33厘米×23厘米长方形烤盘铺上烤纸。将面糊倒入烤盘中，刮平，轻震烤盘，消除气泡。放入预热至170℃的烤箱内，中层，上下火，15~20分钟。

⑥ 取出后放到晾架上晾凉，去掉烤纸。此时可打发奶油。

⑦ 蛋糕平均分割成3片。

⑧ 取一片蛋糕，在上面刷上糖酒液。

⑨ 再往上抹打发好的奶油，抹平后撒上适量蜜豆。

⑩ 放上另一片蛋糕，轻轻拍紧，在其上重复步骤8~9的做法，再放上最后一片蛋糕，拍紧。

⑪ 表面抹上奶油，切掉边缘不平整的地方。

⑫ 平均分成8个小方块，在上面撒上巧克力屑，放上切好的草莓和银珠糖即可。

手指饼草莓奶油卷

主要材料：

手指饼：鸡蛋2个，白砂糖30克，低筋粉40克，玉米淀粉5克，柠檬汁或白醋几滴，绿色开心果5粒。

夹馅：动物淡奶油100克，白砂糖10克，草莓适量。

准备工作：

1.边长18厘米正方形烤盘垫好烤纸。

2.裱花袋装上圆头花嘴。

3.绿色开心果切碎备用。

制作过程

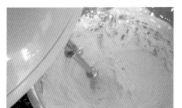

1 蛋黄蛋白分离，蛋白中滴入柠檬汁，加入30克白砂糖，打至干性发泡，加入蛋黄快速翻拌均匀。

2 筛入低筋粉和玉米淀粉，快速拌匀。

3 把面糊装入裱花袋，用圆头花嘴在烤盘上挤出手指状的长条。

4 撒上绿色开心果碎。

5 放入预热至190℃的烤箱内，中层，上下火，10~12分钟，取出晾凉后脱模，备用。

6 奶油加入白砂糖10克打发。

7 草莓洗净、去蒂，把底部和顶端切平，备用。

8 把打发好的奶油均匀地抹到手指饼底部，整齐地排放好草莓。

9 卷起，包好烤纸定型，入冰箱冷藏40分钟，取出切片，即可食用。

小贴士：

1.手指饼不好脱模，如果没有带不粘涂层的烤盘，一定要垫上烤纸。

2.蛋糕卷好后，须冷藏至少半小时，这样定型效果好，切面会很平整。

3.烤箱温度和时间可依具体情况进行调整，蛋糕表面微黄就可以了。

Lesson 8

用煎锅做的
甜品

甜品不仅可以用烤箱烤出来，也可以用锅煎
出来。

煎蛋糕

主要材料:

鸡蛋2个,玉米油15克,牛奶50克,盐微量,低筋粉50克,泡打粉2克,白砂糖25克,柠檬汁适量。

后期搭配:香蕉1个,草莓4个,蓝莓、焦糖适量。

准备工作:

蛋黄蛋白分离。

制作过程

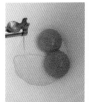

1 蛋黄加入玉米油,拌匀。加入牛奶、盐,拌匀。

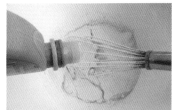

2 筛入低筋粉、泡打粉,滴入适量柠檬汁,快速拌匀。

3 蛋白中滴入几滴柠檬汁,加入白砂糖,打发。

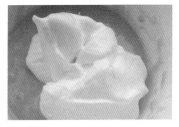

4 将3和2快速翻拌均匀。

5 不粘平底锅刷上一层薄薄的玉米油,用小火把锅烘热。

6 舀一勺面糊,煎至底部有焦斑后,翻面,另一面底部煎黄后即可起锅,放入盘中。

7 在一片煎蛋糕上放几片香蕉,再放一片煎蛋糕,如此重复几次。旁边摆上草莓、蓝莓装饰。最后淋上焦糖即可食用。

小贴士:

1. 煎蛋糕时,一定要使用小火,不然很容易煎焦。

2. 水果可根据时节和自己的喜好挑选搭配。

3. 搭配的酱料可以换成打发奶油、卡仕达酱或者巧克力酱。总之,可根据自己的喜好自行搭配。

铜锣烧

我们都喜欢机器猫，看机器猫的后遗症
就是跟它一样爱上铜锣烧！

主要材料：
鸡蛋2个，白砂糖20克，蜂蜜8克，低筋粉85克，泡打粉2克，牛奶40克，玉米油8克，香草精几滴，盐微量，红豆沙适量。

制作过程

1 鸡蛋加白砂糖打发，打发至蛋糊体积膨大，颜色发白，用打蛋头沾起，几秒才掉落一滴。

2 加入蜂蜜和盐，拌匀。

3 筛入泡打粉、低筋粉，快速拌匀。

4 加入牛奶、玉米油，拌匀。

5 滴几滴香草精拌匀。

6 盖上保鲜膜静置15分钟。

7 不粘锅加热后改最小火，用勺子舀入面糊，成直径约8厘米的圆形。

8 煎至面糊表面开始冒大泡，并且有少部分泡泡开始破裂时翻面，把第二面煎至略黄起锅。

9 放到晾架上晾凉后，抹上红豆沙，盖上第二片铜锣烧，轻轻压紧成形，即可食用。

小贴士：
铜锣烧要成图中的黄褐色才是最好的颜色。因此在煎制的过程中要注意火候，用最小火，第一面煎至出洞洞即翻面，刚好。

可丽饼

法国布列塔尼最具代表性的特色美食。
简单的做法，浓浓的奶油香，配以时令
水果……在法国，它和法式面包一样深
受欢迎！

主要材料：

可丽饼：低筋粉100克，白砂糖30
克，盐微量，鸡蛋1个，牛奶250
克，无盐黄油30克，香草精适量。
后期加工：动物淡奶油180克，白砂
糖18克，巧克力酱适量。

制作过程

1 低筋粉、鸡蛋、白砂糖、盐放入盆中。

2 分3次倒入牛奶，每次都要用手动打蛋器慢慢拌匀。

3 滴入适量香草精。

4 隔水熔化20克无盐黄油，晾至约40℃的样子，倒入面糊中，边倒边搅拌，直至黄油和面糊充分混合。

5 过筛1次。

6 盖上保鲜膜，静置30分钟。

7 不粘平底锅（直径24厘米）用小火微微加热，刷上10克熔化的黄油，倒入面糊。转动平底锅，使面糊成圆形。

8 可丽饼边缘略有焦色之后，用竹签轻轻挑起边缘，双手捏住边缘，快速翻面。

9 第二面继续小火煎20~30秒，略有焦斑即可起锅。放到晾架上晾凉。

后期加工：

1 奶油加入白砂糖打发，盘子里放上一张可丽饼，抹上奶油。

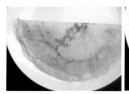

2 两次对折。

3 挤上奶油花，淋巧克力酱。

4 最后装饰水果即可食用。

小贴士：

1.隔水加热黄油温度不宜太高。加热熔化后，晾凉后（约40℃）才能加入面糊中，不然就会有凝结的小颗粒。

2.必须使用不粘平底锅，否则面糊容易粘连。

3.整个过程用小火即可，以免可丽饼煎煳。

4.可丽饼叠在一起晾凉，可保持饼体柔软。

5.后期加工，可以有其他搭配，比如用果酱或者焦糖酱淋面；也可以做成咸馅，如加入火腿片、芝士片之类，又是不同风格的美味了。

班戟

主要材料:

中筋粉(普通面粉)100克,牛奶250毫升,无盐黄油15克,白砂糖45克,动物淡奶油150克,鸡蛋1个,水果条适量。

制作过程

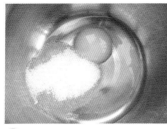

① 鸡蛋打入盆中,加入30克白砂糖,拌匀。

② 倒入牛奶,拌匀。

③ 筛入面粉,搅拌成光滑面糊。

④ 过筛1次。

⑤ 将隔水熔化的黄油倒入过筛后的面糊中。

⑥ 拌匀后,盖上保鲜膜,冷藏30分钟。

⑦ 不粘平底锅加热后改小火,倒入适量面糊,轻轻转动锅,使其成圆形。

⑧ 待班戟皮鼓起泡后,用牙签轻轻挑开,取出放到盘子中晾凉,备用。

⑨ 奶油加15克白砂糖打发;案板上放一张班戟皮,加适量奶油,放上水果条;再加一点点奶油盖上水果。

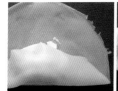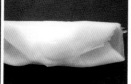

⑩ 折叠班戟皮,先将上、下两边的班戟皮折叠,盖住奶油和水果条。再依次折叠左右的班戟皮,呈枕头包状。

⑪ 收口朝下放置,摆盘上桌时切成两半。

小贴士:
水果可根据爱好选择。

Lesson 9

入门级
面包

我喜欢看到面包在烤箱里膨胀的模样，我喜欢面包烘烤时那种暖暖的香味，我喜欢吃着自己做的面包，享受那种柔软的口感。学会自己做面包，你会觉得一个小小的面团，能塑出不同的形状，能变化出不同的口感，是多么神奇！

常用材料

高筋粉：蛋白质含量高，揉出来的面团弹性强。

低筋粉：蛋白质含量较低，制作中加入少量，可以使面包口感更松软。

酵母：推荐"耐高糖活性干酵母"，适合用于含糖量5%以上的面团。

白砂糖：增加甜味。

盐：具有调味和促使面包发酵稳定的作用。

牛奶、水和动物淡奶油：用于制作甜面包或吐司类面包，水分直接影响面包的柔软度。

鸡蛋：增加面包的香味，一般使用全蛋入面团，蛋黄可以增加面包的色泽，蛋白可以增加面团的柔韧度。在做其他甜品有多余蛋白的时候，也可以用来制作面包。需注意，鸡蛋不能过多添加，如果蛋液量大，需要减少其他水分的添加。

油类：黄油或者植物油。建议使用无盐动物黄油，它是从牛奶中提取的天然油脂，不含添加剂。

制作要点 >>

采用前人总结的成功方子：在没有熟练掌握方法和技术之前不要随意改动方子，否则难以保证口感。

揉面符合制作要求：无论是使用面包机、厨师机还是手动揉面，都必须使面团达到扩展状态。这样的面团富有弹性和延展性，能拉出极薄的膜，有的文章当中称作"手套膜"。这种面团制作的面包柔软可口。（关于揉面的图片可参见P119"奶油卷"的制作过程。）

面包发酵的温度与湿度（这是面包制作中最难的，新手入门经常败在这个环节上）：

第一次发酵：温度最好在30℃左右，此时酵母最活跃，利于发酵。

四季温度不同，会影响发酵。因此，夏季只需将面团置于常温下发酵即可，而春、秋、冬三季则需要辅助加温。如果家中有面包机，那么面包机的发酵功能就可以用上了，现在很多烤箱也有发酵挡，将面团盖上保鲜膜，入烤箱开启发酵挡即可。

第二次发酵：温度最好在38℃左右，相对湿度要求80%左右，在没有专业发酵箱的情况下，一般是用一碗开水来调节湿度：烤箱开启发酵挡，或者低温40~50℃1分钟，放入整形好的面团，下层放一碗开水即可。在没有暖气的南方地区，冬天做面包，中途须根据烤箱内温度换几次开水，烤箱配合开启40~45℃半分钟，以保证烤箱温度保持在38℃左右。

面团的分割：第一次发酵之后，用擀面杖擀一遍面团排气，滚成圆形之后，称出总重量，之后根据制作要求平均分割面团。这样制作出来的面包大小均匀。

烤制前的工序：第二次发酵完成后，烤箱预热这段时间，用毛刷蘸上液体，均匀地刷在面包表面，这样，面包出炉上色美观，并且具有一定的光泽。常用的液体一般是全蛋液和黄油，也可使用植物油、牛奶或者蛋白，可根据不同的要求来确定。

奶油卷

主要材料:

高筋粉180克,低筋粉60克,奶粉20克,酵母4克,白砂糖25克,盐1克,鸡蛋1个,动物淡奶油20克,牛奶70克,无盐黄油25克。

制作过程

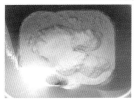

1 除黄油以外其他材料混合、搅拌。

2 成团后，揉至表面光滑。加入黄油，揉至扩展阶段。此时面团光滑具有弹性，取一小块拉抻，能拉出薄膜。

3 将面团滚圆后，盖上保鲜膜，进行第一次发酵。温度控制在约28℃。

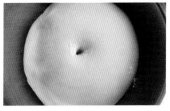

4 大约50分钟后，面团膨胀至原来的2倍大，手指蘸高筋粉插入，孔洞不回缩，表明第一次发酵完成。

5 用擀面杖擀面团，排出气泡，平均分割成15个，滚圆。盖上保鲜膜静置，中间发酵10分钟。

小贴士：

1. 配方中的动物淡奶油，可换成等量牛奶。

2. 操作过程中具体注意事项参见P117"制作要点"。

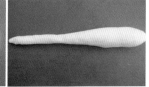

6 取一面团，搓成水滴形后，继续搓长约25厘米。

7 用擀面杖擀压成长水滴状。

8 从宽的一头卷起，收口捏紧朝下。

9 排放入不粘烤盘中。（若没有不粘烤盘，请垫放耐高温烤布。）

10 入烤箱进行第二次发酵，温度控制在38~40℃，下层放一碗开水增加湿度。二次发酵时间约40分钟。

11 发酵结束后取出，在表面均匀地刷上熔化的黄油。

12 放入预热至180℃的烤箱内，中层，上下火，15~20分钟。

13 烤好后取出，放在晾架上晾凉。

奶油卷三明治

主要材料:
A.高筋粉260克,动物淡奶油40克,牛奶90克,鸡蛋40克,白砂糖25克,盐2克,酵母4克,无盐黄油10克。
B.鸡蛋、芝士片、生菜、番茄酱适量。

制作过程

1 材料A中除黄油以外的其他材料倒入盆中,揉至面团光滑。

2 加入黄油,揉至扩展阶段。

3 第一次发酵,约40分钟。

4 分割成12份,中间发酵10分钟。(图1)

5 整形:分割好的面团搓成锥状,然后继续搓长至25厘米左右,从宽的一头卷起,收口捏紧,朝下放置,排放在不粘烤盘中。(图2~5)

6 入烤箱进行第二次发酵,时间约50分钟,发酵结束后取出,在表面均匀地刷上熔化的黄油或全蛋液。

7 放入预热至180℃的烤箱内,中层,上下火,20分钟。

8 烤好后取出晾凉。把奶油卷横剖开,夹上鸡蛋、芝士片、生菜,挤上番茄酱即可食用。
(图6)

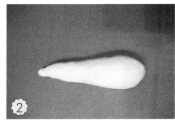

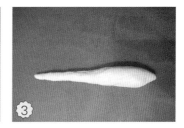

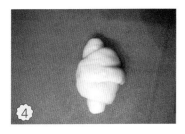

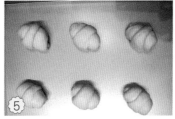

小贴士:
1.过程的详细图解参见P119。
2.第一次发酵时间40分钟,第二次发酵时间50分钟,可根据不同季节和室温,通过对面团的观察调节时间。
3.三明治夹馅可根据个人喜好和家中配备的材料自行改变。

红薯面包

主要材料：

高筋粉240克，奶粉10克，白砂糖30克，盐1克，酵母4克，无盐黄油30克，红薯泥100克，牛奶80克，鸡蛋40克。

准备工作：

红薯洗净，去皮，蒸熟后捣成泥。

制作过程

1. 除黄油以外其他材料混合，搅拌成团后，揉至表面光滑。
2. 加入黄油，揉至扩展阶段。
3. 将面团滚圆后，盖上保鲜膜，进行第一次发酵。温度控制在约28℃。
4. 大约50分钟后，面团膨胀至原来的2倍大，手指蘸高筋粉插入，孔洞不回缩，表明第一次发酵完成。（图1）
5. 用擀面杖擀面团，排出气泡，平均分割成16个，滚圆，排放入边长18厘米的正方形不粘烤盘中，成整齐的4×4格局。盖上湿布或保鲜膜，中间发酵10分钟。（图2~3）
6. 入烤箱进行第二次发酵，温度控制在38~40℃，下层放一碗开水增加湿度。二次发酵时间约40分钟。
7. 发酵结束后取出，在表面均匀地刷上全蛋液。（图4）
8. 放入预热至180℃的烤箱内，中层，上下火，25~30分钟。
9. 烤好后取出晾凉即可。

小贴士：

1. 第1~4步，可参见P119"奶油卷"制作步骤1~4；关于发酵的要求参见P117"制作要点"。
2. 红薯泥可换成蒸熟的土豆泥、山药泥或者南瓜泥。
3. 因为红薯泥含水量可能有区别，因此需根据实际情况适当增减水分。

酸奶吐司

主要材料：
高筋粉220克，低筋粉40克，鸡蛋40克，酸奶130克，白砂糖20克，奶粉10克，盐1克，酵母3克，无盐黄油25克。（奶粉视个人口味也可以不加。）

主要工具：
450克吐司模1个。

制作过程

1 除黄油以外其他材料混合，揉成光滑面团。

2 加入黄油，揉至面团完全扩展阶段，取一小块面团，能拉出透明薄膜。

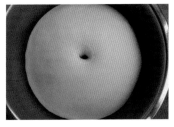

3 盖上保鲜膜，进行第一次发酵，大约40~50分钟，至面团发至原来的2倍大，手指蘸面粉插入，孔洞不回缩即可。

4 取出，排气，平均分成3份，滚圆，盖上保鲜膜，中间发酵10~15分钟。

5 把面团擀成椭圆形。

5 从1/3处折叠，另一边同样操作。

6 折叠好的面从两边往中间卷，收口捏紧。

7 在吐司模中放面团，先放置两边，最后放置中间。

8 入烤箱进行第二次发酵，面团长至模具七到八分满即可。取出后在表面均匀地刷上全蛋液。

9 放入预热至180℃的烤箱内，下层，上下火，35分钟。烤好后取出晾凉即可。

黄金乳酪小吐司

主要材料:

高筋粉250克，牛奶130克，白砂糖30克，盐1克，无盐黄油30克，酵母4克，黄金乳酪粉15克，鸡蛋40克，奶粉20克。

主要工具:

迷你吐司模2个（如果没有，可换成1个450克吐司模）。

制作过程

1 除黄油以外其他材料倒入盆中，揉至面团光滑。加入黄油，揉至完全扩展阶段，取一小块面团，能拉出透明薄膜（图片参见P125步骤2）。

2 第一次发酵，约40分钟。至面团发至原来的2倍大，手指蘸面粉插入，孔洞不回缩即可。

3 取出排气后，分割成12份，滚圆，盖上保鲜膜或湿帕子，中间发酵10分钟。

4 整形：面团擀成椭圆形。

5 从1/3处折叠，另一边也是如此。

6 折叠好的面团从两边向中间卷，收口捏紧。

7 将收口朝下放入模具中。

8 入烤箱进行第二次发酵，面团长至模具九分满即可，取出加盖。

9 放入预热至180℃的烤箱内，上下火，30分钟。取出后立即脱模，放在晾架上晾凉。

小贴士:

整形好的面团放入吐司模时，先放两边，再放中间。

127

大理石迷你吐司

主要材料:

A.高筋粉190克，低筋粉40克，鸡蛋40克，酸奶130克，白砂糖20克，奶粉10克，盐3克，酵母3克，无盐黄油25克。（奶粉视个人口味也可以不加。）

B.紫薯粉7克，高筋粉20克，天然班兰香油、动物淡奶油适量。

制作过程

面团的分割与上色：

1 材料Ａ中除黄油以外的其他材料混合，揉成光滑面团。

2 加入黄油，揉至完全扩展阶段（图片参见P125步骤2）。

3 取出面团，称重，把面团分割成一大一小，其中大的260克（图1下），小的约185克。

4 185克的面团平均分割成两个：其中一个加入班兰香油、几滴奶油（或酸奶），揉至颜色均匀，软度和弹性与260克的原味面团差不多；另外一个加入紫薯粉、奶油（或酸奶），揉至颜色均匀，软度和弹性与260克的原味面团差不多。（图1上）

5 放入大的乐扣盒子中，分开进行第一次发酵。（图1）

整形：

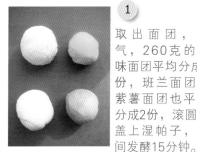

1 取出面团，排气，260克的原味面团平均分成2份，班兰面团和紫薯面团也平均分成2份，滚圆，盖上湿帕子，中间发酵15分钟。

2 面团压扁，擀成小的椭圆形，一个原味面团一个有色面团交叠在一起。

3 把面团压平，擀成大的椭圆形，长度与模具相当，宽约模具宽度的两倍。

4 从侧面卷起，收口捏紧。

5 从正中把条状面团切成均等的两份。

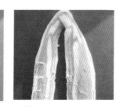

6 捏紧顶端。

7 每一条面团向同一方向扭转，再交叉扭成麻花状，结尾捏紧，放入模具。

8 入烤箱进行第二次发酵，约40分钟，面团长至模具八分满即可。取出后在表面均匀地刷上全蛋液。

9 放入预热至180℃的烤箱内，下层，上下火，30分钟。视上色情况加盖锡纸。

小贴士：

1. 如果觉得两种色麻烦，可以只做一种色的大理石纹吐司，用450克吐司模。

2. 如果没有班兰香油，可以换成抹茶粉，用量大约10~15克。

3. 用班兰香油或者紫薯粉给面团上色时，面团会有点干，可加入适量酸奶或奶油使水分比例正常、面团柔软。具体用量根据面团手感确定。

关于班兰香油

班兰是一种热带绿色植物，有十分独特的天然芳香。由此提取的班兰香油能让食物增添清新、香甜的味道，并且带来天然的翠绿色。

迷你汉堡

主要材料:

A.小面包: 高筋粉170克, 低筋粉30克, 牛奶130克, 白砂糖20克, 盐1克, 无盐黄油20克, 酵母3克。

B.肉饼: 猪肉馅150克, 牛肉馅80克, 洋葱20克, 酱油10克, 糖2克, 盐适量, 淀粉1大勺。

制作过程

小面包：

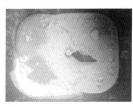

1 材料A中除黄油以外的其他材料混合，揉成光滑面团。

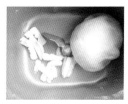

2 加入黄油，揉至扩展阶段。

3 双手扣住面团前方，将面团向内移动，滚圆后，放入容器中，盖上保鲜膜。

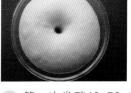

4 第一次发酵40~50分钟，面团发酵至原来的2倍大。

5 用排气面杖擀面，排气。

6 将面团平均分割成10份，滚圆，盖上保鲜膜，中间发酵10分钟。

7 表面均匀刷上全蛋液。

8 捏住面团底部，将面团表面粘上白芝麻，放入烤盘中。

9 入烤箱进行第二次发酵，约40分钟。

10 放入预热至175℃的烤箱内，中层，上下火，15~18分钟。烤好后取出，放到晾架上晾凉。

小贴士：

汉堡夹馅可按个人喜欢搭配。

肉饼：

1 材料B放入容器中，搅拌均匀。

2 平均分成10份。

3 锅内倒入油，烧至八成熟后，改小火，将肉饼压扁放入锅内，两面煎熟后起锅。

最后操作：

小面包横剖为两半，放上生菜、芝士片、肉饼、西红柿片即可。

Lesson *10*

我们在甜品店，看到蛋糕师傅们做出的一个
个美丽的蛋糕时，总是会很羡慕……其实装
饰蛋糕很简单，利用水果、干果碎、巧克力屑、
糖珠、插片等做表面装饰，人人都可以做出
美丽的蛋糕！

蛋糕装饰常用工具

>>

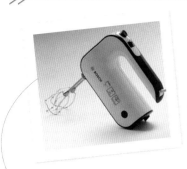

电动打蛋器：必备常用工具，打发奶油、黄油、乳酪等材料事半功倍。

A.抹刀：用于抹平蛋糕体表面的奶油。

B.挖球器：用于挖球形水果或者刮巧克力屑。

C.刮铲：用于辅助取蛋糕、刮巧克力屑。

D.锯齿刀：用于切割蛋糕。

A.手动打蛋器：搅拌打发辅助工具。

B.刮刀：用于混合材料，搅拌面糊、奶油等。

C.造型刮板：不同的齿纹能刮出不同的线条，根据蛋糕创意造型，能塑造出不同的表面。

A.裱花袋：

布质裱花袋：奶油裱花时装打发奶油的工具，可反复清洗使用。

一次性裱花袋：奶油裱花、勾线、画巧克力线条时使用。

B.花嘴转换器：拆换不同花嘴塑形，不用再换裱花袋。

C.花嘴：塑造不同的奶油花造型。

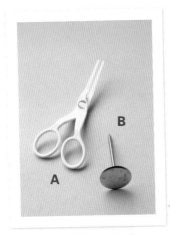

A.裱花剪刀：做玫瑰花或其他奶油花时取下成品的辅助工具。
B.裱花钉：裱花朵时的底座。

蛋糕纸托：放置裱花蛋糕体的底盘，纸质的居多，为一次性用具。

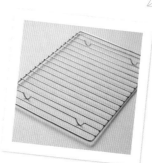

晾架：放置或晾凉蛋糕使用。

转台：裱花辅助工具，将蛋糕体放在上面裱花，可以灵活转动，方便进行蛋糕装饰。

A.毛刷：刷糖酒液，或者给水果刷上果胶时使用。
B.粉筛：蛋糕表面进行筛粉类装饰时使用。

>>

蛋糕装饰常用材料

>>

1. 彩色糖珠：市售各种彩色糖珠，是方便的蛋糕装饰材料。

2. 食用色素：与打发好的奶油混合调色，让蛋糕更漂亮。挑选时只需选择常用色，但一定要选择优质的、符合食品安全的产品。

3. 镜面果胶：在蛋糕表面装饰水果的时候，可以刷上镜面果胶来增加水果的亮度，也可防止切开的水果氧化。

4. 巧克力针、巧克力屑、巧克力片：表面装饰材料，常用于黑森林、白森林蛋糕。

5. 水果罐头：在当季水果不理想的时候，可以选择水果罐头用于夹馅或者表面装饰。

6. 新鲜水果：根据不同的季节和自己的需要选择。

其他材料，如抹茶粉、糖粉、可可粉之类，可参考P20、P21。

裱花基础知识

A.蛋糕坯切片方法

1 用锯齿刀沿着蛋糕坯 1/3 高度的地方割一圈，深度 1~2 厘米。

2 锯齿刀穿过刚才割出来的地方，沿水平方向拉动。此时 1 中割痕为锯齿刀提供了切片轨迹。

3 切断后第一层就完成了。

4 依照此方法把厚的那块再切下 1/2，就完成了蛋糕坯的切片工作。

B.装花嘴和裱花袋

如何装花嘴

方法1：

中途不需要换花嘴改变造型的时候，可以直接将花嘴装入裱花袋，塞紧。

方法2：

需要改变裱花造型的时候，使用花嘴转换器。将花嘴转换器放入裱花袋，测出大小，

然后在裱花袋前方剪个合适的口子，把花嘴转换器套入裱花袋。

套上花嘴，把花嘴转换器的螺帽扭紧。

如何把打发好的奶油装入裱花袋

1 将装好花嘴的裱花袋套在手上或者杯子上。

2 放入打发好的奶油。

3 提起裱花袋，垂直向下，一只手拿着裱花袋的边缘，另一只手顺着裱花袋轻轻往下勒，将奶油赶到一起。

4 拧紧裱花袋上方多余的位置。

5 将多余的部分往食指上绕一圈，以固定裱花袋。

准备工作:

1.工具消毒。

2.准备厨房用纸或者消了毒的抹布几块,备用。

C.蛋糕坯表面抹平方法

① 把一片蛋糕片放到裱花转台上,用刮刀将少量打发的奶油放到蛋糕片上。

② 用抹刀头轻轻将奶油抹开,至离蛋糕边缘约1~2厘米的地方。放上喜欢的水果。

③ 放上第二片蛋糕,用手轻拍,将两片蛋糕拍紧,压平。

④ 在第二片蛋糕上抹好奶油,放上水果。

⑤ 放上第三片蛋糕片,拍紧,压平。

⑥ 放适量奶油到第三片蛋糕上方,用抹刀前端来回抹开,此时须注意,抹刀在奶油上推动时不能碰到蛋糕体,这样才不会粘上蛋糕屑。

⑦ 添加一些奶油,继续抹,多余的挂到边缘下垂到侧面。

8 用刮刀将盆中打发的奶油刮到蛋糕体侧面，四周都遮盖住。

9 用厨房纸把抹刀擦干净，抹刀垂直贴紧蛋糕体侧面奶油表面，左手轻轻转动转台，顺势将奶油抹平，多余的奶油刮到盆中。

10 擦干净抹刀，依照步骤9的方法再修一次侧面。

11 抹刀擦净，平放于蛋糕体顶端，贴住表面奶油，从一侧往另一侧将表面刮平。（也可轻轻转动裱花转台刮平。）将抹刀上的奶油刮入盆中。

12 抹刀擦净，按步骤9方法再修一下四周。此时顶面边缘会有一些小的凸起。

13 抹刀擦净，持平抹刀，刀的前缘贴紧蛋糕体顶端边缘，轻轻转动裱花台，将顶面边缘修平整。

14 成形，一个完美的表面就这样完成了。

D.示例:
优雅下午茶——可可戚风蛋糕简单裱花

只需要简单的点缀,一个普通的可可戚风蛋糕马上变得优雅起来!

主要材料:
直径7英寸可可戚风蛋糕1个,动物淡奶油230克,白砂糖23克,百利甜酒、草莓、镜面果胶、银珠糖适量。

主要工具:
裱花袋1只,圣安娜花嘴1个(图1)。

1 奶油加白砂糖打发后,倒入适量百利甜酒拌匀。

2 裱花袋装好花嘴,将奶油装入裱花袋。

3 把戚风蛋糕放到裱花转台上。

4 将奶油呈"S"形挤到戚风蛋糕表面,力度均匀,一气呵成。

5 草莓洗净,吸干表面水分后,每个分成4瓣。

6 将草莓切面刷上镜面果胶后,尖端朝内,放到奶油上。

7 撒上少量银珠糖,装饰完成!

经典黑森林

巧克力戚风蛋糕主要材料和工具：
鸡蛋3个，玉米油40克，牛奶50克，黑巧克力25克，低筋粉60克，白砂糖40克，柠檬汁几滴。直径6英寸圆形活底模具1个。
巧克力戚风蛋糕制作过程可参考P96"基础戚风蛋糕制作过程"。

主要材料：
直径6英寸巧克力戚风蛋糕1个，动物淡奶油240克，白砂糖25克，黑巧克力、朗姆酒、镜面果胶适量。

主要工具：
刮刀，抹刀，裱花袋1只，八齿花嘴1个。

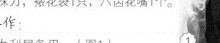

准备工作：
1.巧克力刮屑备用。（图1）
2.巧克力戚风蛋糕切片。
3.新鲜樱桃用于夹馅的部分去核。
4.调制糖酒液（白砂糖20克，水40克，朗姆酒10克）备用。
5.奶油打发。

制作过程

1 放一片蛋糕片到裱花转台上，刷上糖酒液。

2 用刮刀往蛋糕片上放上适量打发好的奶油。

3 用抹刀抹平。

4 放上去核的樱桃。

5 盖上第二片蛋糕，拍平、压紧。之后，重复上述步骤，直至盖上最后一片蛋糕，拍紧压平。

6 表面抹上奶油后，往蛋糕体上粘巧克力屑。

7 在顶面边缘用八齿花嘴绕圈挤上奶油花边。

8 最后放上整粒的樱桃，刷上镜面果胶增亮。

小贴士：
1.因为此蛋糕最后表面要盖上巧克力屑，抹奶油时不必抹得太平整。
2.如果当季没有大樱桃，可以选择去核大樱桃罐头。

141

浪漫季节（白森林）

香草戚风蛋糕主要材料和工具：
鸡蛋3个，玉米油40克，牛奶50克，低筋粉60克，白砂糖30克，柠檬汁几滴，香草精适量。
直径6英寸圆形活底模具1个。
香草戚风蛋糕制作过程可参考P96"基础戚风蛋糕制作过程"。

主要材料：
直径6英寸香草戚风蛋糕1个，动物淡奶油240克，白砂糖25克，白巧克力、自制蜜豆（参见P47）、朗姆酒、自制巧克力插片适量。

主要工具：
刮刀，抹刀。

准备工作：
1.白巧克力刮屑备用。
2.香草戚风蛋糕切片。
3.调制糖酒液（白砂糖20克，水40克，朗姆酒10克）备用。
4.奶油打发。

制作过程

1 放一片蛋糕片到裱花转台上，刷上糖酒液。用刮刀往蛋糕片上放上适量打发好的奶油，用抹刀抹平，放上蜜豆。

2 盖上第二片蛋糕，拍平、压紧。之后，重复上述步骤，直至盖上最后一片蛋糕，拍紧压平。

3 表面抹上奶油。

4 往蛋糕体上粘巧克力屑。

5 缓慢地转动裱花转台，抹刀平放，顺着转台的转动慢慢切入到蛋糕底部约1/3处。

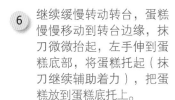

6 继续缓慢转动转台，蛋糕慢慢移动到转台边缘，抹刀微微抬起，左手伸到蛋糕底部，将蛋糕托起（抹刀继续辅助着力），把蛋糕放到蛋糕底托上。

7 插上自制巧克力插片，系上丝带即可。

小贴士：
1.因为此蛋糕最后表面要盖上巧克力屑，抹奶油时可以不用抹太平整。
2.步骤5~6是将蛋糕从裱花转台上取下的方法，动作要轻缓，手和抹刀托举蛋糕体的时候要稳。

Part 7
生活中那些
甜蜜的味道

你是无所不能的妈妈！你可以为你的宝贝做出最可爱、最可口的甜点！只需要花点小心思，可爱的造型绝对能让宝贝开心。

绵羊面包

主要材料：

A.面团：高筋粉220克，白砂糖30克，盐1克，无盐黄油20克，牛奶155克，酵母4克。

B.表面装饰：中筋粉（普通面粉）20克，花生酱20克，无盐黄油50克，杏仁粉40克，白砂糖15克，耐烤巧克力豆8粒。

准备工作：

将材料B中50克黄油放室温软化，与B中除巧克力豆外的其他材料用电动打蛋器搅拌均匀备用。

制作过程

1 将材料A中除黄油以外的其他材料揉成光滑的面团。再加入黄油，揉至扩展阶段。把面团放入容器中，盖上保鲜膜进行第一次发酵：温度保持在28℃左右，40分钟。

2 取出面团，排气，平均分割成8份，滚圆，盖上湿布，中间发酵10分钟。

3 取一个面团压扁，擀成椭圆形，前端切掉一块分割成4份，其中一份占2/5，另外三份分别占1/5。

4 步骤3中切下的面团，取其中一份小的，搓成水滴状，蘸一点水，紧压在大面团空缺的转角处上方，做耳朵；另外两份小面团，略搓一下，蘸点水在下方，紧压在身体下方做腿；最大的一份，搓成细条，卷起来，接口捏紧，紧压在耳朵附近做羊角。把混合好的B料分成8份，铺在8个绵羊身上。

5 按上耐烤巧克力豆做眼睛。入烤箱进行第二次发酵，40分钟。发酵结束后取出，然后放入预热至180℃的烤箱内，中层，上下火，15~20分钟。烤好后取出晾凉即可。

小贴士：

绵羊的耳朵和角一定要捏紧，并且按压好，否则二次发酵的时候很容易脱落。

147

万圣节杯子蛋糕

咖啡杯子戚风蛋糕主要材料和工具：

鸡蛋3个，玉米油40克，牛奶50克，低筋粉60克，速溶咖啡1包，白砂糖30克，柠檬汁几滴。

卷边淋膜杯12个，参考尺寸：下口径4.4厘米，上口径6厘米，高3.5厘米。

咖啡杯子戚风蛋糕制作过程可参考P96"基础戚风蛋糕制作过程"。

主要材料：

咖啡杯子戚风蛋糕12个，动物淡奶油130克，奶油奶酪130克，白砂糖26克，甘露咖啡力娇酒适量，万圣节主题图案（如南瓜、蝙蝠等）巧克力插牌12个。

制作过程

准备工作：

1. 奶油奶酪室温软化。（图1）
2. 十齿花嘴套入裱花袋备用。（图2）
3. 调制糖酒液（白砂糖20克，开水50克，甘露咖啡力娇酒15克）备用。

① 将室温软化的奶油奶酪打至顺滑。

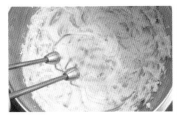

② 加入白砂糖和奶油，打发。

③ 倒入适量甘露咖啡力娇酒，拌匀，即成奶油霜。

④ 咖啡杯子戚风蛋糕倒扣晾凉后，在表面刷上糖酒液。

⑤ 把奶油霜装入裱花袋中，在蛋糕上挤一圈。

⑥ 中间挤上一朵花填满空间。

⑦ 在上面再挤一个螺旋。

⑧ 最后放上可爱的巧克力插牌。

小贴士：

每个人挤花的力度和用量会有区别，所以，奶油霜的量仅供参考，可根据实际用量再做调整。

毛毛虫面包

主要材料:
A.高筋粉200克,低筋粉100克,奶粉20克,酵母5克,白砂糖30克,盐2克,鸡蛋1个,动物淡奶油20克,牛奶100克,无盐黄油30克。
B.卡仕达酱适量。(若自制,参见P49。)

制作过程

① 材料A中除黄油以外的其他材料混合,揉成光滑面团,加入黄油后揉至扩展阶段。

② 第一次发酵40分钟。

③ 手指蘸面粉插入面团检查发酵情况,洞口不回缩即可。

④ 面团排气,分割成40克左右1个,滚圆盖上湿布,中间发酵10分钟。

⑤ 将面团擀成椭圆形。

⑥ 上面用刀从中间开始切出几条平行切口,收口处不切断。

⑦ 在没切割的一边放上适量卡仕达酱。

⑧ 卷起面团,盖住卡仕达酱,周围捏紧后,再滚动至面团边缘,捏紧收口。

⑨ 收口朝下放置,排入烤盘中,入烤箱进行第二次发酵,约45分钟。发酵结束后取出,在表面均匀地刷上全蛋液。放入预热至180℃的烤箱内,中层,上下火,15分钟。烤好后取出晾凉即可。

小贴士:
1.烤制温度视具体情况可略微调整。
2.注意观察上色情况,上色过深,中途可加盖锡纸。加盖锡纸时请戴上操作手套,防止烫伤。

迷你火腿串面包

主要材料：

A.高筋粉180克，低筋粉60克，奶粉20克，酵母4克，白砂糖25克，盐1克，鸡蛋1个，动物淡奶油20克，水70克，无盐黄油25克。

B.脆皮肠、艾蒿（也可不加）适量。

制作过程

1　材料A中除黄油以外的其他材料混合，揉至面团表面光滑后加入黄油，继续揉至扩展阶段。

2　第一次发酵40分钟。

3　手指蘸面粉插入面团检查发酵情况，洞口不回缩即可。

4　面团排气，分割成约15克1个，滚圆，盖上湿布，中间发酵10分钟。将面团压扁擀开。

5　放上适量洗净的艾蒿，收口捏紧。

小贴士：

1.不同季节可以包入不同的蔬菜，也可不用蔬菜。

2.面包很小，因此要注意观察，中途可加盖锡纸以免上色过深。

6　将5擀成椭圆形，放上插了竹签的脆皮肠。

7　围绕脆皮肠卷紧，收口捏紧。收口朝下排入烤盘中，入烤箱进行第二次发酵，45分钟。发酵结束后取出，在表面均匀地刷上全蛋液。放入预热至180℃的烤箱内，中层，上下火，10~15分钟。烤好后取出晾凉即可。

棒棒糖岁会饼

主要材料:

A.高筋粉185克,酵母8克,盐2克,水115克。

B.高筋粉46克,奶粉7克,鸡蛋19克,盐2克,白砂糖28克,水3克,无盐黄油28克。

C.白巧克力、市售手指饼干适量,红色色素微量。

制作过程

炸甜甜圈：

① 材料A混合均匀揉成团，将面团进行基础发酵，时间90分钟。

② 将材料B中除黄油以外的其他材料放入搅拌缸中，将1中发酵好的面团撕成小块，放入搅拌缸。

③ 搅拌成团后，加入黄油继续搅拌。

④ 持续搅拌至面团拉起来有筋性，可看到明显的纹路为止。

⑤ 取出面团，擀成1.5厘米厚，盖上保鲜膜，中间发酵10分钟。

⑥ 用模具压出圆形，表面撒上少许面粉，最后发酵7分钟。

⑦ 放入180℃的热油中，炸至外表呈金黄色，捞出沥干油后晾凉。（除下面介绍的装饰方法外，还可做其他表面装饰。）

表面装饰：

① 将白巧克力放入玻璃碗中，隔水加热熔化。取一部分滴入红色色素，拌匀，呈浅粉色。

② 把炸好晾凉的甜甜圈放入碗中，均匀粘上浅粉色巧克力。如果粘的巧克力比较薄能看到甜甜圈表皮颜色，晾干后，再重复一次前面的步骤，直到看不到底色为止。

③ 将熔化的白巧克力装入裱花袋，在凝固的甜甜圈淡粉色表面挤上螺旋形圈圈。

④ 在侧面用剪刀剪个小十字口，深度约1~1.5厘米，插入一根市售的手指饼干。

小贴士：

1. 最简单的测油温方法：把油烧热后，揪个指头大小的面团扔进油锅，如果面团马上浮起来就证明油温已经可以了。

2. 甜甜圈下锅大约40~50秒即可翻面，另一面要缩短时间，大约是30~40秒。（具体时间根据油温调整，炸的时候一定要注意观察。）

巧克力戚风蛋糕主要材料和工具：

戚风用的是一个6英寸加一个8英寸的量。

鸡蛋7个，玉米油90克，牛奶110克，黑巧克力60克，低筋粉135克，白砂糖80克，柠檬汁几滴。

直径6英寸圆形活底模具3个。

巧克力戚风蛋糕制作过程可参考P96"基础戚风蛋糕制作过程"。

主要材料：

直径6英寸巧克力戚风蛋糕3个，动物淡奶油约650克，白砂糖65克，香草精、巧克力勾线膏适量。

你好，企鹅先生！

准备工作:

1. 烤制巧克力戚风蛋糕,倒扣晾凉,脱模备用。(图1)
2. 找出喜欢的图案打印好,做参考。(图2)
3. 按照图形,熔化白巧克力,分别添加色素后,在透明慕斯片上把企鹅的眼睛、嘴巴、脚及领结做好。
4. 巧克力戚风蛋糕切片,备用。
5. 调制糖酒液(白砂糖 40 克,水 80 克,朗姆酒 15 克)备用。
6. 打发 250 克奶油。(加入白砂糖 25 克,香草精适量。)
7. 裱花袋 2 只,六齿花嘴 1 个。

制作过程

① 取一片蛋糕,用压模切出适当大小。

② 蛋糕重叠,用1中切下的蛋糕做顶,用剪刀修出弧形。

③ 将蛋糕片放到裱花转台上,刷上糖酒液,放上适量打发好的奶油,略抹平后再叠放一片蛋糕,拍紧压平;之后按照前面步骤反复把蛋糕层叠好。

④ 取 1 4 0 克奶油,加入 1 4 克白砂糖,打发,涂抹蛋糕表面。

⑤ 用竹签在4上画出企鹅正面轮廓和眼睛、领结位置。

⑥ 用巧克力勾线膏沿画好的轮廓勾一圈。

⑦ 将企鹅蛋糕挪入托盘中。取180克奶油,加入18克白砂糖,打发,滴入蓝色色素拌匀,装入已经装好六齿花嘴的裱花袋中,在步骤6勾出的线上挤一圈蓝色奶油花,盖住线条。

⑧ 以7中裱好的蓝色位置为界,整齐快速地将企鹅后部全部裱花。贴好眼睛,插入做嘴巴的巧克力片。

⑨ 取80克奶油,加入8克白砂糖打发,装入已经装好六齿花嘴的裱花袋中,在面部裱出白色的六齿花纹,填满正面。最后将巧克力片制成的"领结"和"脚"贴好。

小贴士:

1. 动物淡奶油分次打发,以免化掉,影响裱花轮廓。
2. 因为后期要在蛋糕体表面裱上六齿的奶油花。所以步骤4中涂抹表面时,不用抹得太平。
3. 由于各人抹平、裱花的力度大小不同,因此所用的奶油量仅供参考,可根据个人实际用量增减。

给老人的
礼物

给我亲爱的爸爸妈妈，一块可口的小点心，
是女儿对你们的爱……

  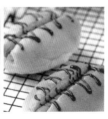 

花环面包

主要材料:

A.高筋粉180克，低筋粉60克，奶粉20克，酵母4克，白砂糖25克，盐1克，鸡蛋1个，动物淡奶油20克，牛奶70克，无盐黄油25克。

B.辅料：蔓越莓干、烤榛子碎适量。

主要工具:

圆形淋膜纸托数个。

制作过程

1 材料A中除黄油以外的其他材料混合，揉成表面光滑的面团。加入黄油，揉至扩展阶段。

2 将面团滚圆，盖上保鲜膜，进行第一次发酵。

3 大约50分钟后，面团膨胀至原来的2倍大，手指蘸高筋粉插入，孔洞不回缩，表明第一次发酵完成。

4 将面团排气：平均分割成10份，滚圆。盖上保鲜膜，中间发酵10分钟。

5 取一面团，擀成方形。

6 用刮板把中间均匀切出五条缝，边缘处不能切断。

7 放上蔓越莓干和烤榛子碎，轻轻压紧。

8 卷起，收口捏紧。

9 收口朝下，卷成圈；把圆圈的接口捏紧后，放入淋膜纸托中。入烤箱进行第二次发酵，温度控制在38~40℃，下层放一碗开水增加湿度。二次发酵时间约40分钟。

10 发酵完成后取出，在表面均匀地刷上全蛋液。放入预热至180℃的烤箱内，中层，上下火，15~20分钟。烤好后取出晾凉即可。

小贴士:

如果没有烤榛子碎，可以使用烤杏仁碎或者烤花生碎代替。

苹果卡仕达卷

主要材料：

A.高筋粉250克，鸡蛋40克，酸奶130克，白砂糖20克，奶粉10克，盐3克，酵母3克，无盐黄油25克。

B.卡仕达酱、杏仁片适量，苹果1个。

主要工具：

直径7英寸中空贝印模1个，圆形淋膜纸托3个。

准备工作：

1.制作卡仕达酱（参见P49）：牛奶200克，白砂糖40克，蛋黄2个，玉米淀粉10克，低筋粉10克，香草精1/4小匙。

2.苹果削皮，切丁，用淡盐水浸泡（以免氧化变色），滤干水分备用。

制作过程

1 将材料A中除黄油以外的其他原料混合，揉成光滑面团。

2 加入黄油，揉至完全扩展阶段后进行第一次发酵。

3 取出，排气，滚圆，盖上湿帕子或保鲜膜，中间发酵10分钟。

4 将面团擀成长方形（长约36厘米），将卡仕达酱抹在面团上，撒上苹果丁，并按压紧实。

5 将面团卷成筒状，收口捏紧。

6 将面团平均分割成9份，其中6份排入涂过油的中空贝印模中，另外3份放入淋膜纸托中，进行第二次发酵（烤箱加温，内放开水一碗）。

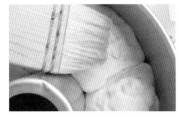

7 发酵结束后取出，在表面均匀地刷上全蛋液。

8 撒上杏仁片。放入预热至180℃的烤箱内，下层，上下火，25分钟。注意，放淋模纸托里的只需烤15分钟。

热狗

主要材料：
A.液种面团：高筋粉150克，水150克，酵母0.5克。
B.主面团：高筋粉180克，白砂糖30克，盐1克，酵母4克，水30克，鸡蛋35克，液种面团（只取用200克），无盐黄油25克。
C.热狗肠10根，番茄酱适量。

制作过程

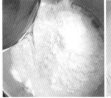

1 材料A中高筋粉放入盆中，倒入水，加入酵母，拌匀。

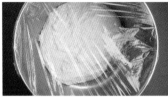

2 用保鲜膜盖好后，室温发酵1小时，入冰箱冷藏至少12小时。如此制好液种面团。

3 材料B中除黄油以外的其他材料混合，搅拌成光滑面团后，加入黄油，揉至完全扩展阶段。

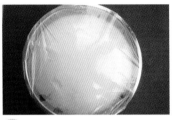

4 加盖保鲜膜，进行第一次发酵，约40分钟，面团发至原来的2倍大。

5 用擀面杖擀压面团，排气，平均分割成10个，滚圆。盖上保鲜膜静置，中间发酵15分钟。

6 将面团压扁，从中间向上下两边擀开，成椭圆形。

7 双手从面团上方开始，向内卷。

8 每卷一下，手指顺势将边缘按压紧，继续卷起，再压紧。

9 最后接口处捏紧。

10 两手略成拱形，搓揉面团，使面团成为橄榄形。

11 收口朝下排入烤盘中。入烤箱进行第二次发酵。

12 发酵结束后取出，在表面刷上全蛋液。放入预热至180℃的烤箱内，中层，上下火，20分钟。烤好后取出，放在晾架上晾凉，中间切一刀，夹上煮好的热狗肠，挤上番茄酱即可。

小贴士：
液种面团中0.5克酵母的量取方法是：用量勺中最小的1/4小匙舀半勺。

豆浆提拉米苏

主要材料:

吉利丁片10克,蛋黄2个,白砂糖50克,黄豆面大量勺1勺,马斯卡彭奶酪200克,豆浆200克,朗姆酒大量勺1勺,动物淡奶油80克,黑糖约20克,水50克,手指饼干、黄豆面(表面用)、香草精适量。

主要工具:

边长15厘米正方形活底模具1个。

准备工作:

1. 提前1小时将吉利丁片泡入水中,加冰块入冰箱冷藏室泡发,备用。

2. 将黑糖加水煮化后,加入适量朗姆酒,调成糖酒液。

制作过程

1 蛋黄加入42克白砂糖,打至略发白。

2 搅拌均匀后隔水加热,边加热边搅拌,水开后继续加热约1分钟,中途一直搅拌。

3 起锅后,加入马斯卡彭奶酪,用电动打蛋器搅拌至柔滑,加入黄豆面拌匀。

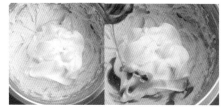

4 奶油加入8克白砂糖,打发至七分发,倒入3中,加入香草精,拌匀。

5 泡好的吉利丁片滤干水分,放入温豆浆中,轻轻搅拌,直至溶化。

6 将降至室温的5倒入4中,搅拌均匀,即成提拉米苏糊。

7 把手指饼干蘸上糖酒液,在方形模具中铺一层,倒入提拉米苏糊,入冰箱冷藏4小时以上。

8 取出脱模,切块,并在面上筛一层黄豆面即可食用。

辣松

主要材料：

A.液种面团：高筋粉150克，水150克，酵母0.5克。

B.主面团：高筋粉180克，白砂糖30克，盐1克，酵母4克，水30克，鸡蛋35克，液种面团（只取用200克），无盐黄油25克。

C.辣味肉松、沙拉酱适量。

制作过程

① 制作热狗（过程从略）。面包出炉晾凉后，用刀将面包正中切一条口。

② 抹上沙拉酱。

③ 在面包表面涂抹沙拉酱。

④ 往中缝夹入辣味肉松。

⑤ 将面包表面朝下，放入辣味肉松容器中，粘裹肉松。

小贴士：

热狗的制作和烘烤，参见P163。

花语裱花蛋糕

主要材料：

A.直径6英寸基础戚风蛋糕1个，动物淡奶油300克，白砂糖30克，香草精、夹馅水果适量。

B.玫瑰裱花：奶油奶酪150克，无盐黄油75克，白砂糖23克，香草精适量。

主要工具：

1个裱花钉，3只裱花袋和4个花嘴（图1，从左到右为：玫瑰花嘴、叶子花嘴、写字小圆头花嘴、圆头花嘴）。

准备工作：

1.将奶油奶酪和黄油室温软化。

2.戚风蛋糕切片，水果切丁备用。

3.调好糖酒液（白砂糖20克，水40克，朗姆酒10克）备用。

制作过程

1　将材料A中的奶油加入白砂糖打发后，滴入香草精拌匀。

2　将蛋糕片按照裱花程序，刷好糖酒液，放上夹馅水果后拍平压紧，表面用大约250克打发的奶油抹平，具体操作程序参见P137"蛋糕坯表面抹平方法"。

3　剩下的打发奶油分一半留待装饰表面（四周的装饰小圆点和底部圆球），另一半加入绿色色素拌匀，入冰箱冷藏备用。

4　将材料B中软化后的黄油放入打蛋盆，加入白砂糖打发后，加入软化的奶油奶酪混合打发，滴入香草精拌匀。

5　4分出1/4装入装好圆头花嘴的裱花袋中，另外3/4装入装好玫瑰花嘴的裱花袋中。

6　在裱花钉上抹上一点奶油，贴上一张剪好的烤纸。

7　左手捏住裱花钉底部，圆头花嘴垂直地在烤纸上挤出一个圆锥状花心。

8

围绕花心，玫瑰花嘴小头朝上，贴住花心，左手慢慢转动裱花钉，右手均匀用力挤出奶油，包裹住花心。

9 左手轻轻往左转动，右手同时均匀用力往前画出弧形，挤出花瓣。

10 以此方法接着挤出第二片、第三片花瓣，从第四片开始，花瓣高度应该低于前面的。

11 挤好的玫瑰，用剪刀轻轻托起，摆在蛋糕体上。

12 取出冷藏的绿色奶油，装入装有叶子花嘴的裱花袋中，在玫瑰花边需要装饰的地方挤上叶子。手轻轻施力挤出叶子的尾端，快到需要的长度时，收点力，轻轻一拉，拉出尖角。

13 最后取出留着装饰表面的打发奶油，用写字小圆头花嘴在蛋糕四周挤出装饰小圆点，用圆头花嘴在蛋糕底部周围挤上圆球。

小贴士：

1.挤花的速度要快，否则动物淡奶油在手中捏久了会化掉。

2.裱玫瑰花的技法其实并不困难，多做练习一定会成功。

3.玫瑰裱花的材料，还可以直接使用打发的奶油，玫瑰花颜色根据装饰的情况可自己选择色素。

给爱人的
礼物

茫茫人海，相识、相知，希望我们的生活就
像这香甜的糕点一样，甜甜蜜蜜！

花式面包圈

主要材料：

A.面团：高筋粉250克，酵母4克，白砂糖15克，盐2克，鸡蛋13克，动物淡奶油35克，牛奶130克，无盐黄油20克。

B.后期装饰：动物淡奶油100~120克，白砂糖10克，去核大樱桃适量，隔水熔化的巧克力少量。

主要工具：

甜甜圈模具1个。

制作过程

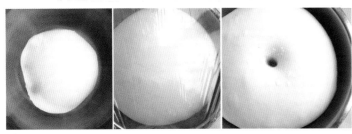

1 将材料A中除黄油以外的其他原料放在一起，揉成光滑面团，加入黄油揉至扩展阶段，放入盆中，盖上薄膜进行第一次发酵，至面团发至原来的2倍大。

2 取出排气，中间发酵10分钟，再把面团擀薄，厚度大约1.5厘米。

3 用甜甜圈模具压出圆圈。剩下的面揉到一起滚圆，擀薄，再用甜甜圈模压；最后剩下的面团可以按照贝果的做法捏成圈圈，具体参见P199。

4 入烤箱进行第二次发酵，40分钟，箱内放入一碗开水。

5 发酵完成后取出，在表面均匀地刷上全蛋液。放入预热至180℃的烤箱内，中层，上下火，20分钟（视具体情况调整）。

后期装饰：

烤好后取出晾凉，从面包圈中部横向切开，用打发好的奶油和大樱桃做装饰，盖上另一片后，在表面随意挤上熔化的巧克力。

小贴士：

1.后期装饰的巧克力，可以直接用市售的巧克力酱。

2.水果还可以选择当季自己喜欢的水果。

椰香慕斯

主要材料:

椰浆200克，动物淡奶油280克，蛋黄1个，白砂糖55克，吉利丁片10克，切割成直径5英寸的基础戚风蛋糕1片，糖酒液、大樱桃适量，绿色开心果4粒，巧克力插牌1个。

主要工具:

直径6英寸活底圆形模具1个。

准备工作:

1.提前1小时泡发吉利丁片。

2.绿色开心果切碎。

制作过程

① 蛋黄放入小奶锅中，加15克白砂糖打散。

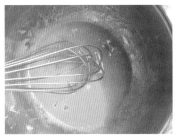

② 加入椰浆，拌匀后，用小火加热至85℃，其间缓慢搅拌。

③ 关火，加入泡发的吉利丁片，溶化后拌匀。

④ 将3用冰水降至常温。

⑤ 将230克奶油加35克白砂糖打至六分发，与4混合拌匀，即成慕斯糊。

⑥ 模具底部放入1片直径5英寸的基础戚风蛋糕，刷上糖酒液后，倒入慕斯糊。

⑦ 将6入冰箱冷藏3~4小时脱模。将50克奶油加入5克白砂糖打发，装入放置好叶子花嘴的裱花袋中，在慕斯中间根据需要挤上一团奶油，用来固定水果。

⑧ 在奶油上放上大樱桃，并在周围挤上一圈奶油做装饰。最后撒上绿色开心果碎，插上巧克力插牌。

主要材料：

条纹手指饼蛋糕底：鸡蛋3个，低筋粉50克，可可粉10克，白砂糖30克，盐1克，白醋几滴，香草精适量。

巧克力慕斯馅：牛奶70克，酸奶70克，奶油奶酪55克，53.8%黑巧克力20克，榛子巧克力酱35克，吉利丁片13克，朗姆酒少许，动物淡奶油135克，白砂糖30克。

主要工具：

一次性裱花袋2只。

准备工作：

1.33厘米×23厘米长方形烤盘铺上烤纸。

2.吉利丁片提前1小时泡发。

3.奶油奶酪室温软化。

4.动物淡奶油加入30克白砂糖打成六分发。

巧克力斑纹慕斯

制作过程

条纹手指饼蛋糕底：

① 蛋黄蛋白分离。将蛋白打发，分3次加入30克白砂糖，打至干性发泡。

② 蛋黄打散，取1/2打发好的蛋白加入到蛋黄中。

③ 将2倒入蛋白盆中，与剩下的蛋白翻拌均匀。

④ 将3分一半到另一个容器中（准备加可可粉的可以多分一点蛋糊）。

步骤1~4过程图可参考P63"手指饼干"过程图1~4。

 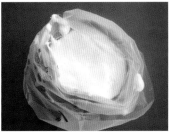

⑤ 一个容器筛入30克低筋粉和香草精，另一个容器筛入20克低筋粉和10克可可粉，分别翻拌均匀。

⑥ 分别装入2只裱花袋，在裱花袋顶端分别剪一个约1厘米的口。

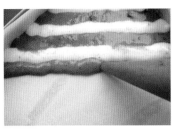 

8 放入预热至180℃的烤箱内，中层，上下火，15分钟。烤好后取出晾凉，撕开烤纸，备用。

7 从烤盘一角开始，斜着挤出一条原味面糊，再挨着挤一条可可面糊，依次交替，挤满整个烤盘。轻震烤盘，消除气泡。

巧克力慕斯馅：

 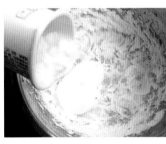 

1 牛奶+黑巧克力+榛子巧克力酱隔水加热熔化，搅拌均匀。

2 奶油奶酪室温软化后，隔温水打至顺滑，加入酸奶打匀。

3 把1倒入2中，拌匀。

4 加入隔水熔化的吉利丁片，拌匀。

5 倒入打至六分发的奶油和朗姆酒，拌匀。

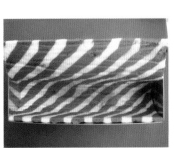  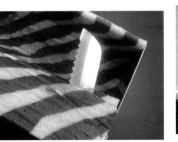

6 用模具在蛋糕上印出长度和宽度，顺着痕迹切开。把蛋糕片放入模具，压实之后，顺着顶边把多余的切除，并刷上糖酒液。

7 将5倒入6中，轻震模具，消除气泡。用剩下的蛋糕片做底，包好保鲜膜。

8 入冰箱冷藏4小时以上，取出脱模。

主要材料:

榛子巧克力酱半瓶（约160克），薄脆片50克，烤榛子碎50克，53.8%黑巧克力70克。（图1）

制作过程

①
烤榛子碎和薄脆片放到碗里，混合。

②
榛子巧克力酱隔水熔化，倒入1中。

③
搅拌均匀，用大量勺和不锈钢勺轮流舀成圆球状。

④
放入垫了烤纸的盘中，入冰箱冷藏，使其凝固。

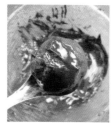

⑤ 隔水熔化黑巧克力，把4中的巧克力球放入熔化的黑巧克力中滚一圈，也可再滚一层榛子碎。

⑥
放入盘中（可入冰箱冷藏半小时）凝固后可直接食用，也可用金箔纸包装好了送朋友。

小贴士:

1.如果没有薄脆片，用威化饼干碾碎了也可以。

2.这个用量做了14个球，如果觉得球大了可做成20个。

熊猫裱花蛋糕

主要材料：
边长15厘米正方形红曲戚风蛋糕1个，动物淡奶油460克，白砂糖45克，时令水果、巧克力勾线膏、糖酒液适量，红色色素微量。

主要工具：
牙签，三角波浪纹刮板，裱花袋1只，圆头花嘴1个。

准备工作：
时令水果去皮切丁，红曲戚风蛋糕剖成3片。

制作过程

1 奶油加白砂糖打发，红曲戚风蛋糕片刷糖酒液，夹入适量打发好的奶油和水果丁，拍平压紧。

2 取适量打发好的奶油，在蛋糕表面简单抹平。

3 用牙签画出图形。

4 然后用巧克力勾线膏描线。

5 用巧克力勾线膏把熊猫的耳朵、眼睛、手臂和腿填满。

6 挑极少的奶油加上红色色素，分别给熊猫做好红脸蛋和手上的红心，并在左下角写上自己喜欢的话语。

7 裱花袋装入少量剩下的奶油，用剪刀剪个极小的口子，在熊猫身上白色处和旁边空白处随意挤上细丝。

8 用三角波浪纹刮板将四周刮出纹理。

9 在表面四周边缘和底边四周，用圆头花嘴挤出圆形奶油花。

草莓小雪人

主要材料：

直径7英寸中空巧克力戚风蛋糕1个，动物淡奶油300克，白砂糖30克，香草精几滴，草莓、各色糖珠、巧克力针、圣诞小装饰适量，巧克力插牌1个，圣诞风格围边1张。

主要工具：

裱花袋1只，圆头花嘴1个，写字小圆头花嘴1个，花嘴转换器1个。

准备工作：

1.巧克力戚风蛋糕切片。

2.调制糖酒液（白砂糖20克，水40克，朗姆酒10克）备用。

3.用于夹馅的草莓切片。

4.奶油加入30克白砂糖打发，滴入几滴香草精拌匀。

制作过程

1　蛋糕片刷上糖酒液。

2　抹上打发好的奶油。

3　放上草莓片。

4　放上第二片蛋糕，压紧拍平。

5　表面用奶油抹平。

6　贴上圣诞风格围边。

7　草莓洗净，从顶端1/3处切开。

8　将草莓底部放到蛋糕上，轻轻压稳，将剩下奶油装入裱花袋，用圆头花嘴垂直在草莓上挤出圆球。

9　放上做帽子的草莓尖端。

10　在草莓小雪人脸部贴上巧克力针做眼睛。用写字小圆头花嘴在草莓顶端挤出一个小圆点做帽子上的球，在眼睛下方挤一个小圆点做鼻子，在肚子上挤出两个小圆点做扣子。

11　插上圣诞小装饰，撒上各色糖珠，插上巧克力插牌即完成。

给朋友的
礼物

这些礼物送给我亲爱的朋友们：快乐我们一
起分享，悲伤我们一起分担，感谢你们一直
以来的支持与关怀！

韩式辣酱火腿包

主要材料：
A.高筋粉260克，酵母4克，白砂糖30克，盐2克，鸡蛋45克，牛奶130克，无盐黄油30克。
B.韩式辣酱、火腿片、炒熟的黑芝麻适量。

主要工具：
卷边淋膜杯10个。

制作过程

1 将材料A中除黄油以外的其他材料放入盆内混合，揉成光滑面团。加入黄油，揉至扩展阶段。

2 进行第一次发酵，面团发酵至原来的2倍大。手指蘸上高筋粉插入面团，孔洞不回缩表明第一次发酵完成。

3 把面团擀成长方形。

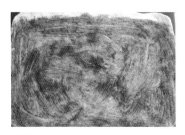

4 刷上韩式辣酱。

5 撒上火腿片和黑芝麻。

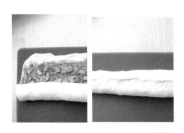

6 卷起面团，接口处捏紧。

7 平均切成10份，装入卷边淋膜杯。入烤箱进行第二次发酵。

8 发酵结束后取出，在表面刷上全蛋液。

9 放入预热至170℃的烤箱内，上下火，25分钟。烤好后取出晾凉即可。

熊猫小餐包

主要材料：

高筋粉220克，盐2克，白砂糖30克，酵母3克，牛奶130克，无盐黄油20克，可可粉3~5克，添加到可可面团中的牛奶约5克。

制作过程

① 除黄油之外的其他材料混合到一起，揉成光滑面团。加入黄油，揉至完全扩展。

② 盆上加盖保鲜膜，进行第一次发酵。

③ 面团排气，先取出20克面团，加入可可粉和牛奶，混合均匀。

④ 原味面团平均分成7份，滚圆。

⑤ 把可可面团分为7组，每组都有耳朵、眼睛、鼻子。

⑥ 把可可面团做出的耳朵、眼睛、鼻子底部蘸点水，粘到分割好的原味面团上。入烤箱进行第二次发酵。

⑦ 发酵结束后取出。放入预热至180℃的烤箱烤20分钟，烤好后取出晾凉即可。

小贴士：

1.在第3步制作可可面团时，可可粉先加3克，揉匀，观察可可面团上色的情况，不行再慢慢添加；因为加了可可粉之后，面团略干，所以牛奶也应根据天气和面团情况适量增减。

2.制作熊猫造型时如果耳朵粘不稳，可以在耳后用牙签固定，烤完后再把牙签轻轻取下。

3.烤制过程中，约8分钟时观察一下面包上色情况，最好10分钟的时候加盖锡纸，以免上色太深。

草莓慕斯

主要材料:

草莓140克，白砂糖55克，柠檬汁7克，朗姆酒10克，吉利丁片5克，动物淡奶油170克，基础戚风蛋糕2片，糖酒液（白砂糖20克，水40克，朗姆酒10克）、草莓果酱、薄荷叶适量。

准备工作:

1. 吉利丁片提前1小时泡发。
2. 调制糖酒液。

制作过程

① 草莓切块，加入15克白砂糖与柠檬汁混合，放置30分钟。

 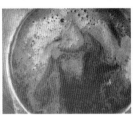

② 用滤网过滤草莓汁，去掉草莓的纤维和籽。

③ 取出泡发的吉利丁片，滤干水分，隔水熔化后加入草莓汁中。

④ 奶油加入40克白砂糖打至六分发，呈微微流动状，加入朗姆酒拌匀。

⑤ 将3加入到4中，搅拌均匀，即成草莓慕斯液。

  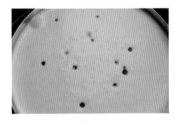

⑥ 蛋糕片放入直径15厘米活底圆形模具中，刷上糖酒液。

⑦ 将慕斯液倒一半进去，再放上一片刷了糖酒液的蛋糕片，倒入剩下的一半慕斯液。

⑧ 取草莓果酱，随意在表面滴上数滴。

小贴士:

 慕斯脱模方法参见P33。

⑨ 用竹签随意画出大理石花纹。入冰箱冷藏3~4小时。取出后脱模，表面装饰新鲜草莓和薄荷叶。

金玉满堂之果仁重乳酪

主要材料:

饼底: 消化饼干80克,隔水熔化的无盐黄油30克。

芝士蛋糕: 奶油奶酪250克,白砂糖50克,无盐黄油40克,酸奶油35克,动物淡奶油30克,鸡蛋1个,低筋粉20克,柠檬汁15克,香草精1/4小匙,盐1克。

焦糖果仁: 核桃仁30克,杏仁30克,松子30克,蔓越莓干+黑加仑干+柠檬皮丁+橙皮丁共15克,动物淡奶油35克,牛奶10克。

装饰: 绿色开心果适量。

准备工作:

1.所有冷藏过的材料,室温备用。

2.没有酸奶油可以用30克奶油+5克柠檬汁,搅拌均匀后静置20分钟即可。(图1)

3.直径6英寸圆形活底模具抹上黄油,粘上裁剪好的烤纸。(图2)

4.消化饼干放入厚一点的保鲜袋中,用擀面杖仔细压碎,加入熔化的黄油拌匀,倒入蛋糕模具,压紧备用。(图3)

制作过程

芝士蛋糕：

① 在盆中放入奶油奶酪，低速打至顺滑。

② 依次加入白砂糖、黄油、酸奶油、奶油、鸡蛋，每加一样都需搅拌光滑。

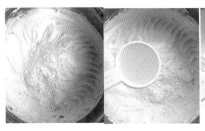

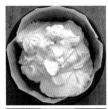
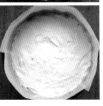

④ 将芝士糊倒入模具中，轻震，抹平表面。放入预热至170℃的烤箱内，下层，45分钟（温度、时间请依具体情况适当调整）。烤好后取出，散热备用。

③ 加入低筋粉（过筛）、盐、柠檬汁、香草精，搅拌至面糊光滑，即成芝士糊。

制作焦糖果仁：

① 将果仁放入烤箱中层，100℃烤至表面微黄出香味。

② 将奶油和牛奶混合后，盖上保鲜膜，放入微波炉加热。

③ 白砂糖放入锅中，微火加热至熔化，呈褐色时关火，把2迅速倒入。

④ 加入烤香的果仁和果干丁，拌匀。

⑤ 铺到已经晾凉的芝士蛋糕上，装饰绿色开心果。入冰箱冷藏4小时以上，即可脱模食用。

小贴士：

1.冬天室温不高时，打发奶油奶酪和黄油可以隔盆加温水浴，更容易打顺滑。

2.可使用自己喜欢的果仁和果干丁。

3.做焦糖果仁熬化白砂糖时，一定要微火，白砂糖熔化的速度很快，变成褐色后要立即倒入热奶油牛奶。这时液体容易飞溅，为防止烫伤，应戴上手套操作。

抹茶提拉米苏

主要材料：

A.奶酪糊：蛋黄1个，马斯卡彭奶酪250克，动物淡奶油150克，白砂糖45克，香草精适量。

B.抹茶糖酒液：开水40克，抹茶粉10克，白砂糖20克，朗姆酒15克。

C.手指饼干适量。

准备工作：

一般的咖啡杯或者玻璃杯4~6个。

制作过程

1 将材料A中蛋黄和20克白砂糖放入盆中，搅拌均匀后隔水加热，边加热边搅拌。水开后继续加热约1分钟，中途一直搅拌。

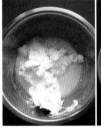

2 1起锅后，加入马斯卡彭奶酪，用电动打蛋器搅拌至柔滑。

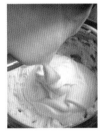

3 奶油加入剩下的25克白砂糖，隔冰水打至七分发，倒入2中。

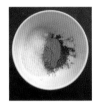

4 加入适量香草精，拌匀即成奶酪糊。取极少量奶酪糊装入裱花袋备用。

5 取一个小碗，放入材料B中的抹茶粉和白砂糖。

7 手指饼干浸入调配好的抹茶糖酒液中，吸收适量水分后取出，垫入杯底。

6 加入开水，搅拌。倒入朗姆酒，拌匀。

8 倒入奶酪糊至杯子一半的地方，抹平。

10 裱花袋剪个小口，在表面挤出自己喜欢的图形做装饰。

11 最后筛上抹茶粉，入冰箱冷藏4小时即可食用。

9 再放入适量浸了抹茶糖酒液的手指饼干，倒入适量奶酪糊，最后抹平表面。

小贴士：

1.选取家中常用的咖啡杯或其他饮水杯作为容器即可。

2.成品量根据杯子大小而定。

哆啦A梦裱花蛋糕

主要材料:

直径8英寸基础戚风蛋糕1个。(戚风蛋糕用量可参考P95"戚风蛋糕用量表"。)

动物淡奶油约460克,白砂糖45克,香草精、水果、镜面果胶、巧克力勾线膏、色素(蓝、黄、红)适量。

主要工具:

牙签,波浪刮板,裱花袋2只,八齿小花嘴1个。

制作过程

1 水果切粒备用,奶油加入白砂糖、香草精打发。蛋糕横剖成2片,在一片上面抹上打发好的奶油,放上水果粒。

2 盖上另一片蛋糕,轻拍平整。

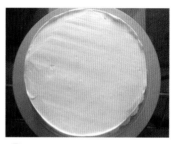

3 表面涂上奶油,抹平。侧面用波浪刮板刮出纹路。

4 在奶油表面用牙签画上机器猫图案。

5 用巧克力勾线膏按牙签印勾出形状。

6 把剩下的奶油分成2份,一份占剩下奶油量的2/3,加入蓝色色素混合均匀,用八齿小花嘴挤出机器猫的蓝色部分。在底部周围挤上一圈花边。

7 另一份奶油(占剩下奶油量的1/3)装入裱花袋,剪出很小的口,在机器猫面部挤出凌乱的细丝。

8 用黄色色素和红色色素分别混合少量镜面果胶,在手和铃铛处挤上黄色镜面果胶,在舌头和带子处挤上红色镜面果胶。

小贴士:

表面抹平时,无须抹得太平整,因为最后塑形时,表面的奶油花能遮住瑕疵,侧面用波浪刮板造型时也会将不平整的周边刮出好看的线条。

这是我们自己慰劳自己的美食，挖空心思制作的美味甜点，我们累并快乐着！超人们，为我们自己喝彩！

主要材料：

曲奇：无盐黄油125克，白砂糖45克，盐1克，动物淡奶油100克，低筋粉190克。

装饰：53.8%黑巧克力、彩色糖珠、星星糖片适量。

主要工具：

布质裱花袋1只，直径1厘米的多齿曲奇花嘴1个。

准备工作：

1.低筋粉过筛备用。

2.黄油室温软化。

3.花嘴套入裱花袋。

圣诞曲奇

制作过程

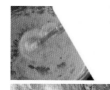

1 软化后的黄油加入盐，并分3次加入白砂糖，用电动打蛋器打发至发白、膨松。

2 将奶油分4次加入打好的黄油中，搅打均匀。

3 加入低筋粉，混合均匀。

4 把3装入裱花袋。

5 裱花袋直立，离烤纸近一点挤出面糊，大小随个人喜好，最后朝正上方提起。

6 放入预热至180℃的烤箱内，中层，上下火，15~20分钟（具体时间视曲奇表面情况而定）。

后期装饰：

1.隔水熔化黑巧克力。

2.将曲奇正面朝下，中间粘上黑巧克力，放入烤盘。

3.装饰彩色糖珠、星星糖片，待巧克力晾干后即可食用。

小贴士：

1.必须使用布质裱花袋，因为面团很难挤出，一般的裱花袋容易挤破。

2.可以根据自己喜欢的形状换花嘴。

椰香轻乳酪

主要材料：
奶油奶酪200克，椰浆160克，鸡蛋3个，低筋粉55克，玉米淀粉10克，无盐黄油50克，白砂糖75克，白醋几滴，镜面果胶适量。

主要工具：
轻乳酪蛋糕模具2个。

准备工作：
1.模具四周涂上黄油，贴好烤纸备用。
2.奶油奶酪室温软化。
3.无盐黄油隔水熔化。
4.蛋黄蛋白分离。

制作过程

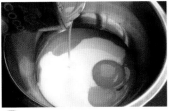

① 蛋黄加入椰浆，搅拌均匀，备用。

② 奶油奶酪入盆中，隔水加热，局部熔化后用打蛋器打柔滑。

③ 加入1，用手动打蛋器拌匀。

④ 再加入黄油，缓慢搅拌均匀。

⑤ 筛入低筋粉和淀粉，拌匀。

⑥ 蛋白加入白砂糖和白醋，打发至湿性发泡，分2次加入5中快速翻拌均匀。

⑦ 倒入模具中。

⑧ 将模具放入烤盘中，烤盘内倒入凉水，高约1厘米。放入预热150℃的烤箱内，中层，上下火，60分钟。中途如果表面太干为预防干裂可加一次水。

脱模：

① 出炉后先晾几分钟，然后把模具倒扣入器皿，撕掉底部的烤纸。

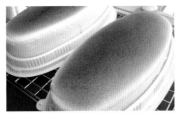

② 反过来扣进乳酪盒子或容器底座中。

③ 表面刷上镜面果胶。入冰箱冷藏至少1小时，取出切块味道更佳。

小贴士：

1.切块的时候，刀先浸热水，吸干水后切乳酪蛋糕，刀口会很整齐。之后擦干净刀口，再浸热水，重复上面步骤。

2.如果没有椰浆，可改成等量的牛奶。

南瓜芝心贝果

主要材料：

A.高筋粉230克，低筋粉30克，白砂糖10克，盐1克，酵母4克，水95克，南瓜泥75克，无盐黄油10克。

B.奶油奶酪120克，白砂糖12克。

C.水1000克，白砂糖30克。

准备工作：

1.南瓜洗净切丁，蒸熟后捣烂成泥。（图1）

2.奶油奶酪室温软化后，加入白砂糖，打至顺滑成乳酪馅，分成10份备用。

制作过程

① 材料A中除黄油以外的其他材料倒入盆中，混合揉至面团光滑。加入黄油揉至扩展阶段。

② 加盖保鲜膜进行发酵，至面团发至原来的2倍大，手指插孔不回缩即可。

③ 将面团取出排气，平均分割成10份，滚圆，中间发酵10分钟。

④ 取一个面团，擀成椭圆形，上面涂抹上一份乳酪馅。

⑤ 卷起，收口捏紧，其中一边卷紧，另一边成小喇叭状，再略搓长一点，长度大约23厘米。

⑥ 将尖的那一头塞入小喇叭里头包住，接头捏紧，形成"O"形贝果，静置10分钟。

⑦ 锅内加入材料C，煮沸，把贝果放入糖水中，每一面约煮10~15秒。此时可以预热烤箱，200℃。

⑧ 贝果从锅中取出后放在厨房纸上吸一下水，迅速排入烤盘，放入预热好的烤箱内，中层，上下火，20分钟。烤好后取出晾凉即可。

小贴士：

贝果煮完起锅后，尽量迅速入烤箱烘烤，这样烤出来的贝果表面会如图中一样光滑、可爱。

草莓奶油蛋糕

主要材料:

分蛋海绵蛋糕:鸡蛋3个,白砂糖30克,低筋粉75克,柠檬汁几滴,班兰香油适量。

奶油馅:无盐黄油140克,卡仕达酱(自制,材料为:牛奶220克,香草荚1/4根,低筋粉9克,玉米淀粉9克,蛋黄2个,白砂糖30克,盐1克),白砂糖15克,香草精适量。

糖酒液:白砂糖20克,水40克,朗姆酒10克。

表面装饰:动物淡奶油50克,白巧克力65克,草莓适量。

主要工具:

33厘米×23厘米长方形烤盘1个,边长15厘米正方形慕斯圈1个,裱花袋1只,直径1厘米圆头花嘴1个。

制作过程

分蛋海绵蛋糕：

前面可参考P63"手指饼干"的1~5步，接下来将蛋糕面糊倒入贴好烤纸的大烤盘中，刮平表面，放入预热至200℃的烤箱内，中层，12~15分钟。烤好后取出晾凉，直接用慕斯圈切成方形，备用。

奶油馅：

① 自制卡仕达酱，制作过程参考P49。

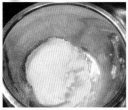 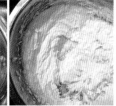 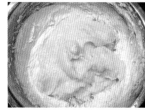 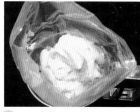

② 黄油加白砂糖打至顺滑发白，略膨松。

③ 加入卡仕达酱和香草精，拌匀，即成奶油馅。

④ 裱花袋装好圆头花嘴，把奶油馅装入裱花袋中。

草莓奶油蛋糕体：

① 放一片蛋糕在慕斯圈底部，刷上糖酒液。

② 在边框四周挤上奶油馅。

③ 将奶油馅横向填满中间。

④ 草莓去蒂洗净，切半，贴慕斯圈壁朝外摆放在四周，剩下的整粒草莓按顺序摆放中间。

⑤ 将剩下的奶油馅填满草莓中间的间隙。

⑥ 用刮板刮平。

⑦ 将剩下一片蛋糕刷上糖酒液，有糖酒液的那一面朝下铺在奶油馅上，轻轻压紧。用保鲜膜将蛋糕体包裹起来，入冰箱冷藏定型。

表面装饰：

1.奶油加入切碎的白巧克力加热熔化后，晾凉。

2.淋面，抹平，入冰箱冷藏半小时，脱模。

3.按个人喜好摆放草莓进行装饰。

小贴士：

1.在制作分蛋海绵蛋糕的第3步"蛋黄打散"时，在蛋糕中滴入几滴班兰香油拌匀，蛋糕就有很清新的绿色了。如果没有班兰香油也可以用抹茶粉代替。

2.草莓尽量选择大小差不多的，如果有的草莓略高一些，可以把底端切掉一点点。

传统提拉米苏

主要材料：

马斯卡彭奶酪250克，动物淡奶油150克，白砂糖45克，蛋黄1个，速溶咖啡1包，手指饼干、甘露咖啡力娇酒、水、可可粉、新鲜水果适量。

主要工具：

边长15厘米正方形模具1个。

制作过程

1 将蛋黄和20克白砂糖放入小盆中。

2 锅中烧热水，将盛蛋黄的小盆放入锅中，隔水加热(不可煮沸)，并且不断搅拌，至白砂糖溶解，蛋黄颜色发白。

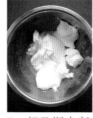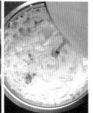

3 把马斯卡彭奶酪用搅拌器打至松发，倒入2中，用电动打蛋器混合均匀。

4 将奶油加入25克白砂糖，打至七分发，倒入3中，拌匀。

5 加入咖啡力娇酒，拌匀，即成提拉米苏馅。

6 速溶咖啡用80毫升水冲泡，加入适量甘露咖啡力娇酒，搅拌均匀成咖啡糖酒液。取手指饼干，在其中浸泡一下，铺到正方形模具底部。

7 往里面倒入一半提拉米苏馅，用刮板抹平。

8 再铺一层浸了咖啡糖酒液的手指饼干。

9 倒入剩下的提拉米苏馅，表面抹平。

10 入冷藏室3个小时以上。取出后表面筛上可可粉，再放上喜欢的水果做装饰。

欧培拉——歌剧院蛋糕

欧培拉（Opera）——歌剧院蛋糕的来历：

欧培拉是法式甜点的经典，其浓郁的咖啡和巧克力香味，以及入口即化的口感，让品尝过的人难以忘怀！据说很多人把欧培拉看作巧克力蛋糕的代名词。

它是1955年由巴黎歌剧院附近的糕饼老店DALLOYAU的糕点师创作的。

淋上巧克力的蛋糕表面，用巧克力奶油写着"Opera"，或画上音乐符号。为了显示如同歌剧院般的华美，食用金箔也成为其经典的装饰材料。无论是哪一款设计，都充满了华丽的歌剧院色彩，成为欧培拉的典型外貌特征。

主要材料：

久贡（杏仁海绵蛋糕）：杏仁粉60克，白砂糖26克，鸡蛋3个，低筋粉20克，蛋白2个，白砂糖（蛋白用）10克，柠檬汁几滴，盐1克，熔化的无盐黄油10克。

甘那许：53.8%黑巧克力100克，牛奶50克，动物淡奶油50克。

奶油霜：速溶咖啡1包，开水少许，蛋黄2个，白砂糖80克，水25克，无盐黄油160克。

糖酒液：速溶咖啡1包（13克），糖浆80克（水：白砂糖＝3：1，水60克＋白砂糖20克），朗姆酒10克。

淋面：53.8%黑巧克力85克，动物淡奶油85克。

装饰：食用金箔少许。

主要工具：

边长18厘米和15厘米正方形蛋糕模具各1个。

制作过程

久贡（杏仁海绵蛋糕）：

1 碾磨机中放入杏仁粉和26克白砂糖，打成细粉。

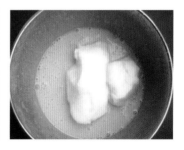

2 盆中放入鸡蛋，加入过筛的低筋粉、盐和1，混合后用电动打蛋器打至材料颜色变白。

3 蛋白加入柠檬汁和10克白砂糖，打发成干性发泡。此时可预热烤箱。

4 将打发好的蛋白分3次加入2中，翻拌均匀。

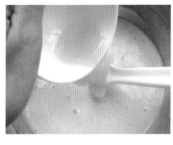

5 再将隔水熔化的黄油顺刮刀倒入，迅速翻拌均匀，倒入两个模具。

6 放入预热至190℃的烤箱内，中层，17分钟。烤好后取出晾凉，脱模，把两个杏仁海绵蛋糕分别从中间平均横剖成2份（共4片），备用。

甘那许:

将牛奶和奶油倒入锅中，煮沸，加入切碎的黑巧克力后熄火。静置1分钟，巧克力溶化后轻拌至光滑即成甘那许。

奶油霜:

1 将白砂糖和水倒入小锅中，大火煮至将沸腾时，改小火。此时把蛋黄打散，待糖浆温度煮至118℃时，缓慢倒入蛋黄中，边倒边搅拌至蛋黄糊发白冷却为止。

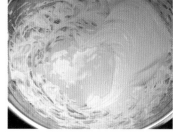

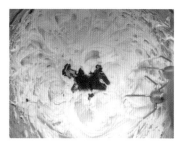

2 软化的黄油用电动打蛋器打至顺滑后，把1分两次加入，拌匀。

3 速溶咖啡中加入极少量的开水，搅拌成黏稠状，加入2中，拌匀即成奶油霜。

欧培拉蛋糕体:

1 把其中两片边长18厘米的蛋糕切割成15厘米。

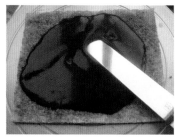

2 第一片放在铺有烤纸的烤盘上，刷上糖酒液。

3 将1/2的甘那许涂抹到蛋糕片上，抹平。

4 放上第二片蛋糕，轻拍，压紧，刷上糖酒液。

5

将1/2的奶油霜涂抹到蛋糕片上，抹平。

 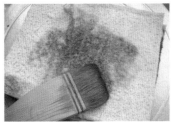 

6 重复步骤2~5，以"蛋糕片-糖酒液-甘那许-蛋糕片-糖酒液-奶油霜"的顺序操作。
最后，为了让表面更平整，用热水泡下抹刀，擦干，把表面抹平（奶油霜遇热轻微熔化，表面
更易抹平整）。放入冰箱冷藏40分钟以上，使表面凝固。

淋面：

1 奶油烧开后加入黑巧克力，关火，1分钟后小心轻拌均匀，避
免搅拌出气泡。

3

2 将蛋糕放到晾架上，下面接个烤盘，待1晾凉后淋到蛋糕表
面，可将蛋糕往四周微微倾斜，让巧克力酱覆盖住表面，尽量
使其平整，最后可用抹刀修饰。入冰箱冷藏至表面凝固。

3 将烤盘里滴落的巧克力酱放入
裱花袋，待蛋糕表面凝固后，
隔热熔化裱花袋中的巧克力
酱，在蛋糕上面写字，把蛋糕
边缘一圈切除，最后摆上食用
金箔即可。

购物指南

新手入门，最困惑的问题是：我该买些什么材料？在哪儿买？

"请问月满西楼，你用什么品牌的黄油？用什么牌子的动物淡奶油？"
很多初学者经常问我这样的问题。

其实购买这些用品很简单，可以到超市，可以到批发市场，更可以求
助万能的淘宝。

>>

蓝米吉、紫米吉动物淡奶油

铁塔动物淡奶油

一、寻找最近的商家或当地淘宝店同城交易

这是最快捷、方便，最节约运费的做法。

说说我家最常用的品牌：

低筋粉： 超市购买的惠宜低筋粉

高筋粉： 金象面包用小麦粉

动物淡奶油： 蓝米吉、紫米吉、铁塔动物淡奶油

无盐黄油： 澳洲阳光（Australian Cream Butter）

黑巧克力： 比利时嘉利宝黑巧克力（可可脂含量 53.8%
或 65% 的）

可可粉： 法芙娜可可粉

二、淘宝烘焙店铺购买

在当地卖家不能满足你的要求的时候，不妨借助万能
的淘宝。

淘宝店铺推荐

1. ●月亮铺子●进口烘焙 DIY 店

http://minicookee.taobao.com

店主常年在国外，有丰富的烘焙经验，热情耐心，店里的东西也很精美实在。店里不仅有国外代购的高品质烘焙工具、烘焙包装及原材料，还有烘焙爱好者喜欢的台湾版烘焙书籍，并且信誉度高，价格公道。

2. 香雪坊完美烘焙馆

http://xiangxuemeilin.taobao.com

也许很多人看过香雪梅林的博客，很多烘焙爱好者用过名博主欢欢翻译的日本方子，那么必定知道香雪梅林的淘宝店铺。香雪本人特别热情好客，店铺东西很全，还有欢欢从日本代购的一些实用而实惠的烘焙工具可供选择。

3. 桔子烘焙

http://juzihongbei.taobao.com

一个烘焙全能店，小到面粉、白砂糖，大到模具，一应俱全。店主本人对于烘焙原料有特别高的要求，因此在他家经常能找到好品牌的黄油、乳酪等进口高端产品。

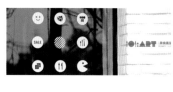 

4. 美食美学生活馆

http://101art.taobao.com

这是最近淘宝比较火的一个卖家，以经营烘焙工具为主。店内常常推出精美的烘焙工具，让很多烘焙爱好者欲罢不能。并且上新速度很快，每周都有新品。去这家店，一定不要成为模具控。

5.wilton 三能专卖店

http://wiltonsn.tmall.com

这个店铺，是三能公司在天猫开设的 wilton 产品旗舰店。wilton 的产品比较齐全，网店经常做一些优惠活动，以实惠的价格和满意的服务取胜。如果你对花嘴和裱花类配件要求很高，这家店是不错的选择。

6. 花悠飘零韩国烘焙坊

http://xiaoxiaofendudu.taobao.com

店主最早代购韩国的精美甜品包装，深得烘焙爱好者的喜爱。之后另创新店"breadlife 烘焙坊"（http://breadlife.taobao.com）开发新品，专门经营各类国产可爱包装，价格实惠，是众多焙友喜欢的包装店。

津津有味De的烘焙生活

让西饼屋的香味在家中诞生，烤出幸福好滋味

crystalove88 http://shop58753208.taobao.com

7. 津津有味 De 的烘焙生活

http://jinjinyouwei.taobao.com

津津家以经营高品质的烘焙材料为主。当初走进这家店也是因为她家材料的独特，以及品质的保障。店主因为喜欢烘焙，对材料有极高的要求，开了这家店，并四处寻找市场上难寻的好材料。

小北's

8. 小北 DIY

http://wzxiaobei.taobao.com

小北生活馆是一家全能店，有基础材料，有基础器材，还有各类漂亮包装以及美食拍摄需要的美貌蛋糕盘，一站式购齐，非常方便。

土司面包 烘焙大磨坊 瓷器精品屋

烘焙材料 美国代购 精品瓷器

Welcome to my shop

9. 土司面包烘焙大磨坊瓷器精品屋

http://tsmb.taobao.com

店主因为一台面包机结缘烘焙。因为每次购物，在同一家店铺很难寻齐自己想要的东西，于是开了这家淘宝小店，实现自己一站式烘焙购物广场的梦想。这家小店，小到一张包装纸，大到搅面机一应俱全。店主热情好客，是众多烘焙爱好者喜欢去的店铺之一。

美食摄影心得

香喷喷的美食做出来了，如何让它更有生命力，如何让它产生更大的影响力？是的，美食摄影，让你的美食锦上添花，让你的美食回味无穷……

而且，拍起来，也没有想象中的那么复杂。

一、相机和镜头的选购

刚开始烘焙的时候，我对美食摄影一窍不通，爱上烘焙之后，发现要把自己做的美食展现给大家，还真得好好练练摄影技术。

幸好在大学的时候有一点摄影基础，因此，刚开始还不算太摸不着头脑，再加上家里有个现成的老师指导，后期进步还是很大的。

我先后使用过佳能 400D、50D 和 5D 等 3 个机器来拍摄美食，使用最多是佳能 50D（本书绝大多数的图片是用 50D 拍的）。50D 是 2009 年的产品，但我现在依然使用它拍摄美食，而且品质优良。随着数码技术的更新换代，市面上 4000 元左右的入门级单反机基本上就可以满足美食摄影需

求了。所以大家在选购机器时不要盲目追求档次和价格，要根据自己的经济实力和需要来选购。机身推荐：佳能 600D、60D、7D 等，尼康 D5100、D90 等。以上照相机机身价格为 3500 ~ 8000 元。

其实，镜头的选购才是美食摄影器材的重点。本书图片绝大多数是用定焦镜头拍摄的。打个比方，你可以把变焦镜头看作一个左右逢源的"花花公子"，而定焦镜头则是一位感情专一的"绅士"。变焦镜头为了照顾远近左右物体的拍摄效果，所以在拍摄食物的品质上比

定焦略差。而定焦镜头只有一个焦距，它的镜头结构要简单得多，而且对焦速度快，成像清晰稳定，画面细腻。

定焦镜头的种类也很多，美食摄影一般选用 50mm、85mm 或者 100mm 焦距的镜头。本书美食拍摄使用的镜头是适马 50mm F1.4 和佳能 100mm F2.8，两款镜头的价格均在 3600 元左右。当然，如果超了预算，可以选择一般的入门级定焦镜头，品质也不错，性价比很高。如佳能的 50mm F1.8 和尼康的 50mm F1.8，售价大约 700 元。

二、背景布和光源

拍摄美食的背景和必要的环境烘托是很重要的，而且做起来其实也不复杂。如果条件允许，你也可像在摄影棚那样，灯光、背景、道具等一应俱全地去拍。在这里，我介绍一些简单又实用的方法：

1. 准备适合的背景布 3~5 块。没有背景布也没有问题，桌布、衬衣、裙子等都可做背景布。背景布的颜色选择以浅色为主。我常用的是粉色、浅绿、浅蓝、黑色以及比较可爱的水玉点和小碎花等。背景布的大小一般以 1.5 米 ×1 米为宜。实际拍摄中，背景布的色彩不宜太浓烈或太花哨，不能喧宾夺主，要选择在色彩上与美食相得益彰、让美食更突出的背景布。具体美食和背景色彩搭配的方法，大家可搜集一些讲解色彩搭配的文章做参考。

2. 光源的准备。这里不是要你准备像专业室内拍摄那样的摄影棚或灯光。家里大一点的，向阳的窗户就是很好的光源；窗台下的一张桌子，就是很好的拍摄台了。一般早上九点前，下午四点后或阴天尽量不要拍摄，因为受色温和光线的影响，拍出的美食可能不会尽如人意。

如果你家有花园，无论大小，都是你最佳的拍摄场地，一定要充分利用自然光线。

三、道具

　　美食道具不可或缺，它会使你的美食显得更加优雅和更具档次。

　　第一个最好的常规选择当然是盘子和刀叉餐具。盛装糕点和食品的容器，大大小小都需要准备一些，但切记：一定不要盲目跟风或一次性买很多，你会发现买了一大堆，能用上的只有那么几个。有的东西并不是看着好看就适合你的美食作品的。每个人都有自己的个人风格，所以选择盘子须谨慎，考虑好自己的风格及搭配哪方面的实物之后再下手。

　　其次是仿真花。一些优雅的花若有若无地衬托在你的美食旁边，可以使它们看起来更加迷人。花的色彩不可杂乱，以雅致和与画面背景相协调为宜。

　　第三是小装饰品。可选择小朋友的玩具、玩偶，纪念品，杂货风的小玩意儿等作为陪衬主题美食的小道具，它会使你的美食更具个性。

四、拍摄小窍门

1. 多看美图。平时要多留意书刊和网络上关于美食的图片，特别是你觉得美的图片，看的时候琢磨一下它的构图、背景、用光和点缀方式。多看，多想，你的摄影技术会迅速提高。

2. 使用大光圈。大光圈是相对而言的，一般是指镜头的最大光圈及其后的2~3挡光圈。我通常使用F1.4~F5.6之间的光圈。大光圈的优点是景深小、突出主体。通俗一点讲，就是你拍的美食（主体）是清晰的，周围的点缀等是朦胧的。大光圈还能提高快门速度，使你的美食作品不致模糊。

3. 用好背景布。之前强调过，背景布尽量大一些，这有助于背景简洁，有利于突出主题。背景布的色彩与所拍美食的色彩要"和谐"，能够最好地衬托主体。

4. 立稳三脚架。拍摄美食，为防止噪点过多，一般采用低感光度。光线不好的时候，即便使用最大光圈，快门速度也会很低。为保证拍摄效果，建议快门速度低于1/100的拍摄尽量使用三脚架。

5. 摆好装饰品。好的点缀既不会影响到画面的简洁，又能起到画龙点睛的作用。点缀的装饰品在画面中不宜过多，点到为止。摆放位置可中、可边，摆放形式可散、可聚，拍摄中多摆放几次位置，选取最好的角度。

6. 不用闪光灯。闪光灯可使被摄体过分明亮，也会使画面留下阴影，所以一般不要使用闪光灯。如果要使用，也不要将闪光灯直射被摄体，尽量使用反射光，这样可以使光线相对均匀一些。

7. 把握时机。了解所做甜品的特性，掌握美食的最佳状态。这样才能把握住它最好看的一瞬间，拍出更美更诱人的甜品。

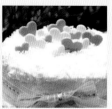

图书在版编目（CIP）数据

烘焙是个甜蜜的坑/月满西楼著.—郑州：河南科学技术出版社，2013.2
（2013.6重印）

ISBN 978-7-5349-6071-0

Ⅰ．①烘… Ⅱ．①月… Ⅲ．①烘焙-糕点加工 Ⅳ．①TS213.2

中国版本图书馆CIP数据核字(2012)第304911号

出版发行：河南科学技术出版社
　　　　　地址：郑州市经五路66号　邮编：450002
　　　　　电话：（0371）65737028　65788613
　　　　　网址：www.hnstp.cn
策划编辑：李　洁
责任编辑：李　洁
责任校对：杨　莉
封面设计：张　伟
版式设计：范松龄
责任印制：张艳芳
印　　刷：北京盛通印刷股份有限公司
经　　销：全国新华书店
幅面尺寸：190 mm×260 mm　　印张：13.5　　字数：200千字
版　　次：2013年2月第1版　　2013年6月第2次印刷
定　　价：45.00元